全国高等院校应用型创新规划教材·计算机系列

单片机原理及应用教程

万　隆　李兰云　李炤坤　主　编

付志勇　刘　慧　托　亚　副主编

清华大学出版社
北　京

内 容 简 介

本书采用项目式、案例化形式针对单片机的基本应用技术进行了详细的讲解。全书共分 11 个项目，包含 32 个任务，涵盖单片机应用系统电路设计、I/O 口的基本应用、定时/计数器、中断技术、串行通信以及数码管显示、点阵、液晶显示模块、A/D 转换模块、存储器芯片、温度传感器等常用的外围接口电路的应用。本书通过项目化教学手段，以实际项目为载体，在有限的教学时间内，引入最实用的知识和技能，采用由单一到综合、由简单到复杂的形式，通过对知识点和具体应用技术的重复学习加深学生对单片机技术的熟练程度，重点培养学生对实际项目的开发能力。

本书可以作为应用型本科院校、高等职业院校电子、自动化、测控、通信、机电一体化等相关专业的教学用书。本书配套实验实训平台和教学资源网站。

本书封面贴有清华大学出版社防伪标签，无标签者不得销售。
版权所有，侵权必究。举报：010-62782989，beiqinquan@tup.tsinghua.edu.cn。

图书在版编目(CIP)数据

单片机原理及应用教程/万隆，李兰云，李炤坤主编. —北京：清华大学出版社，2020.4(2021.1 重印)
全国高等院校应用型创新规划教材. 计算机系列
ISBN 978-7-302-54781-5

Ⅰ. ①单… Ⅱ. ①万… ②李… ③李… Ⅲ. ①单片微型计算机—高等学校—教材 Ⅳ. ①TP368.1

中国版本图书馆 CIP 数据核字(2020)第 001693 号

责任编辑：汤涌涛
封面设计：杨玉兰
责任校对：吴春华
责任印制：刘海龙

出版发行：清华大学出版社
网　　址：http://www.tup.com.cn, http://www.wqbook.com
地　　址：北京清华大学学研大厦 A 座　　邮　编：100084
社 总 机：010-62770175　　邮　购：010-62786544
投稿与读者服务：010-62776969, c-service@tup.tsinghua.edu.cn
质量反馈：010-62772015, zhiliang@tup.tsinghua.edu.cn
课件下载：http://www.tup.com.cn, 010-62791865

印 装 者：北京鑫海金澳胶印有限公司
经　　销：全国新华书店
开　　本：185mm×260mm　　印　张：13.25　　字　数：320 千字
版　　次：2020 年 4 月第 1 版　　　　　　 印　次：2021 年 1 月第 2 次印刷
定　　价：39.00 元

产品编号：080586-01

前　言

　　本书是山东省职业技术教育师资培训中心、山东理工大学职业教育研究院"职教师资培训——电子技术应用培训资源开发项目"的重要成果之一，在现代教育理念指导下，经过广泛的调研与比较，吸取国内外近年来的研究与改革成果，充分考虑到我国职业教育教师培养的现实条件、教师基本素养、专业教学能力和专业水平，按照开发项目中的"电子应用技术"培训大纲，经过反复讨论编写而成的。

　　全书共分 11 个项目，具体内容如下。

　　项目一　单片机控制 LED。本项目通过对 LED 的控制熟悉 I/O 口的操作方式。

　　项目二　单片机控制数码管显示系统设计。本项目主要讲述单片机对数码管的驱动方式。

　　项目三　基于定时器的精确定时应用。本项目主要讲述利用定时器实现精确定时的几种方式。

　　项目四　多功能数字钟的设计。本项目整合定时器、数码管等相关知识点，完成了数字钟的设计。

　　项目五　蜂鸣器的发声。本项目借助蜂鸣器发声控制，介绍中断的基本概念与具体应用方式。

　　项目六　基于 RS232 的串口通信接口设计。本项目主要介绍单片机串行通信方式的具体应用。

　　项目七　数据采集系统设计。本项目主要介绍 TLC549 芯片的具体应用。

　　项目八　点阵显示系统设计。本项目主要介绍点阵显示模块的驱动方式。

　　项目九　基于单片机的数字马表设计。本项目通过介绍串行 EEPROM-24C02 芯片的具体用法，学习 IIC 总线通信协议。

　　项目十　单点温度测量显示控制系统。本项目主要介绍单总线协议温度传感器 DS 18B20 的具体应用。

　　项目十一　交通灯控制系统设计。本项目整合前面知识点完成对交通控制系统的设计。

　　本书特色如下。

　　本书根据以上课程基本内容，结合理论、实践一体化教材的开发思路，以项目化创新课程设计理念为导向，对以上教学基本内容进行知识的解构与重构，实现技能与知识的整合。在教学方法上，通过对具体项目系统化设计，对具体任务的重复性、递进性进行讨论，在重复中强化，在递进中学习，将抽象的理论学习转化为对具体应用技术的实践应用。

参与本书编写的主要人员有万隆、李兰云、付志勇、刘慧、托亚、李炤坤等老师，另外，本书在编写过程中参考了相关资料和教材，在此向这些文献的原作者表示衷心感谢！限于编写组的理论水平和实践经验，书中不妥之处，敬请广大读者批评指正。

编　者

目 录

项目一　单片机控制 LED 1

任务一　点亮一盏 LED 小灯 2
一、51 系列单片机的引脚及功能 2
二、时钟电路与时序 4
三、复位电路 5
四、工程建立、编译的基本步骤 7
五、P0 口的位电路结构及特点 10
六、控制端口的名称依据 11
七、端口的输出控制方式 15
八、关键的 while(1) 16

任务二　控制小灯的亮灭 18
一、软件延时之 delay() 18
二、Keil 软件的调试方法及技巧 18

任务三　经典的流水灯 28
方便的 intrins.h 头文件 28

任务四　独立按键控制 LED 的亮灭 ...30
一、端口的数据输入 30
二、按键的去抖动 30

项目二　单片机控制数码管显示系统设计 33

任务一　让数码显示 0 34
一、数码管结构及显示原理 34
二、移位寄存器 74HC595 35
三、段选和位选 36

任务二　0—F 依次循环显示 39
数码管的静态显示 39

任务三　单个数码管依次轮流显示 0—7 42
动态显示原理 42

任务四　00—99 计数显示 44
简单的位值提取 44

项目三　基于定时器的精确定时应用 49

任务一　10 ms 定时 50
一、定时/计数器的基本结构与工作原理 50
二、与定时/计数器配置相关的 TMOD、TCON 51
三、定时/计数器的工作方式 53
四、定时初值如何确定 56

任务二　1s 定时 58
一、如何实现 1s 定时 58
二、蜂鸣器的基础知识 58

项目四　多功能数字钟的设计 63

任务一　定时器中断方式下实现 10ms 定时 64
一、中断执行的过程 64
二、EA、ET0 是什么 65
三、51 单片机的中断源 66
四、中断服务子程序的"声明" 66

任务二　定时器中断方式下实现 1s 定时 68
定时/计数器控制寄存器 TCON(88H) 68

任务三　多功能数字钟的实现 70

项目五　蜂鸣器的发声 79

任务一　蜂鸣器简单发声控制 80
一、什么是外部中断 80
二、外部中断的触发 81
三、什么是中断的嵌套 82

任务二　蜂鸣器的多种频率发声控制 ...84
一、中断的优先级控制 84
二、中断的处理过程 85

任务三　蜂鸣器的音乐演奏发声控制 ...89
蜂鸣器播放音乐的基本原理 89

项目六　基于 RS232 的串口通信接口设计 93

任务一　单片机将串行数据发送给 PC 94
一、串行口的基本结构 94
二、串行口控制寄存器 SCON 95
三、数据缓冲器 SBUF 96
四、串行通信工作方式 96
五、波特率 100

任务二　PC 发送单片机串口接收 RS232 接口标准 103

任务三　两个单片机之间的串行通信 107

项目七　数据采集系统设计 111

任务一　带显示的数据采集系统设计 112
一、分析 TLC549 的主要特性 112
二、TLC549 的内部结构和引脚 113
三、TLC549 的工作时序 114

任务二　带上位机通信功能的数据采集系统设计 117

任务三　多功能数据采集系统设计 120

项目八　点阵显示系统设计 125

任务一　点阵显示模块的应用 126
一、点阵的基础知识 126
二、点阵的电气特性及连线方法 127

任务二　矩阵按键的应用 131
一、4×4 矩阵按键的扫描原理 131
二、键值识别的不同方法——"翻转法" 132

任务三　点阵显示矩阵按键键值 136

项目九　基于单片机的数字马表设计 143

任务一　精确计时的马表设计 144

任务二　带简单可控功能的马表设计 146

任务三　串行 EEPROM-24C02 的读写操作 149
一、24C02 的基本特性和引脚说明 149
二、IIC 总线协议 150
三、24C02 的寻址操作 153

任务四　带存储功能的马表设计 157

项目十　单点温度测量显示控制系统 167

任务一　简易温度测量系统设计 168
一、DS18B20 的引脚及内部结构 168
二、单总线的操作命令 172
三、单总线的通信协议及时序 174

任务二　LCD1602 液晶显示模块 180
一、LCD1602 液晶模块接口信号说明 180
二、操作时序说明 181
三、液晶模块指令格式和指令功能 182
四、液晶显示模块初始化过程 185

任务三　基于 1602 液晶显示的温度测量控制系统设计 189

项目十一　基于 MCU_BUS 开发板的交通灯控制系统设计 197

附录　MCU_BUS V1 电路原理图 205

参考文献 206

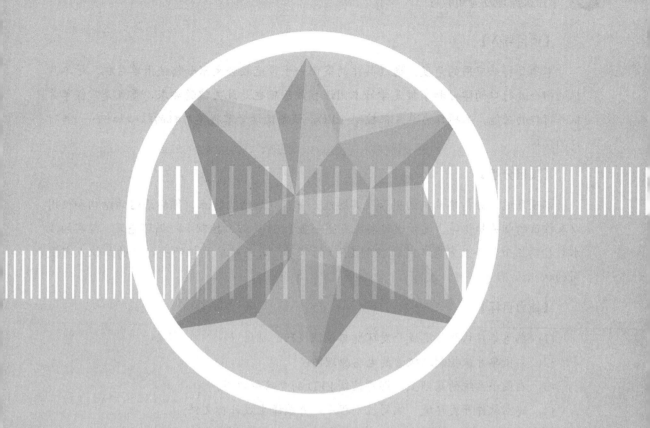

项目一

单片机控制 LED

【项目导入】

本项目将从应用的角度,通过具体的案例一步步地教会大家如何使用单片机,对单片机的四个并行口的学习和掌握是学好本门课程最基础也是最关键的要求,重点是掌握单片机并行口的功能。本项目为单片机控制 LED,试图使读者掌握单片机的核心知识——并行口的使用。

【项目分析】

本项目通过分析单片机的引脚及其功能、并行口的结构特点、循环语句的结构和使用以及按键的相关知识等,逐步通过实现点亮一盏 LED 小灯、控制小灯循环亮灭、经典的流水灯控制三个任务来完成单片机控制 LED 的学习,进而对单片机的并行口的知识点有更深的认识。

【能力目标】

(1) 熟悉单片机软件集成开发环境与调试技巧。
(2) 画出单片机控制二极管的电路原理图。
(3) 在最小系统的基础上,搭建控制 LED 的电路原理图。
(4) 建立软件开发环境,编写控制程序,并编译生成目标文件。
(5) 将目标文件下载到开发板,调试通过。

【知识目标】

(1) 掌握单片机的引脚及功能。
(2) 掌握单片机并行口的电路结构及特点。
(3) 掌握单片机并行口的控制方式。
(4) 掌握 while 循环语句和 for 循环语句的结构和使用。
(5) 掌握按键的去抖和使用。

任务一　点亮一盏 LED 小灯

【知识储备】

一、51 系列单片机的引脚及功能

51 系列单片机有 3 种封装形式:①40 引脚双列直插封装(DIP);②44 引脚 PLCC 封装;③48 引脚 DIP 封装。下面以 40 引脚双列直插封装为例,简单介绍 51 单片机的引脚分布及功能。图 1-1 所示为 51 单片机的引脚分布图。

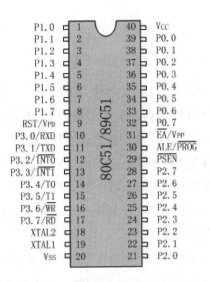

图 1-1　51 单片机引脚分布图

1. 电源及时钟引脚

V_{CC}(40 脚)：主电源正端，接+5V。

V_{SS}(20 脚)：主电源负端，接地。

XTAL1(19 脚)：片内高增益反向放大器的输入端，接外部石英晶体和电容的一端。若使用外部输入时钟，该引脚必须接地。

XTAL2(18 脚)：片内高增益反向放大器的输出端，接外部石英晶体和电容的另一端。若使用外部输入时钟，该引脚作为外部输入时钟的输入端。

2. 控制信号引脚

RST/V_{PD}(9 脚)：RST 是复位信号输入端，高电平有效，此端保持两个机器周期(24 个时钟周期)以上的高电平时，就可以完成复位操作。RST 引脚的第二功能 V_{PD}，即备用电源的输入端。当主电源 V_{CC} 发生故障降低到低电平规定值时，将+5V 电源自动接入 RST 端为 RAM 提供备用电源，以保证存储在 RAM 中的信息不丢失，从而使复值后能继续正常运行。

ALE/$\overline{PROG}$(30 脚)：地址锁存控制信号。在总线方式扩展时，ALE 用于控制把 P0 口输出的低 8 位地址送入锁存器锁存起来，以实现低位地址和数据的分时传送，目前基本不用。

除此之外，ALE 是以六分之一晶振频率的固定频率输出的正脉冲，可作为外部时钟或外部定时脉冲使用。

$\overline{PSEN}$(29 脚)：总线扩展方式下，程序存储器的读允许信号输出端，目前基本不用。

$\overline{EA}$/V_{PP}(31 脚)：片内程序存储器选通控制端，低电平有效。当 $\overline{EA}$ 端保持低电平时，将只访问片外程序存储器。当 $\overline{EA}$ 端保持高电平时，执行访问片内程序存储器，但在 PC(程序存储器)值超过 0FFFH(对 51 子系列)或 1FFFH(对 52 子系列)时，将自动转向执行片外程序存储器内的程序。

3. 输入/输出引脚 P0 口、P1 口、P2 口、P3 口

P0 口(P0.0~P0.7，39~32 脚)：P0 有两种工作方式。一是作为普通 I/O 口使用时，它是一个 8 位漏极开路型准双向 I/O 端口。每一位可驱动 8 个 LSTTL 负载。若驱动普通负载，它只有 1.6 mA 的灌电流驱动能力，拉负载能力仅为几十微安。高电平输出时，要接上拉电阻以增大驱动能力。当 P0 作为普通输入接口时，应先向 P0 口锁存器写 1。

P1 口(P1.0~P1.7，1~8 脚)：P1 口是唯一的单功能接口，仅能作为通用 I/O 接口用。它是自带上拉电阻的 8 位准双向 I/O 端口，每一位可驱动 4 个 LSTTL 负载，当 P1 口作为输入接口时，应先向 P1 口锁存器写 1。

P2 口(P2.0~P2.7，21~28 脚)：P2 口是自带上拉电阻的 8 位准双向 I/O 接口，每一位可驱动 4 个 LSTTL 负载。当 P2 口作为输入接口时，应先向 P2 口锁存器写 1。

P3 口(P3.0~P3.7，10~17 脚)：P3 口也是自带上拉电阻的 8 位准双向 I/O 接口，每一位可驱动 4 个 LSTTL 负载。当 P3 口作为输入接口时，应先向 P3 口锁存器写 1。P3 口除了作为一般准双向 I/O 接口使用外，每个引脚还有第二功能，如表 1-1 所示。

表 1-1 P3 口每个管脚的第二功能

P3 口线	第二功能
P3.0	RXD(串行接收)
P3.1	TXD(串行发送)
P3.2	INT0(外部中断 0 输入，低电平或下降沿有效)
P3.3	INT1(外部中断 1 输入，低电平或下降沿有效)
P3.4	T0(定时器 0 外部输入)
P3.5	T1(定时器 1 外部输入)
P3.6	WR(外部数据 RAM 写使能信号，低电平有效)
P3.7	RD(外部数据 RAM 读使能信号，低电平有效)

二、时钟电路与时序

时钟电路用于产生单片机工作所需要的时钟信号，而时序所研究的是指令执行中各信号之间的相互关系。单片机工作时，是在统一的时钟脉冲控制下一拍一拍地进行的，这个脉冲是由单片机控制器中的时序电路发出的。为了保证各部件间的同步工作，单片机内部电路应在唯一的时钟信号控制下严格地按时序进行工作。

1. 时钟电路

在 51 单片机内部有一个高增益反相放大器，其输入端为芯片引脚 XTAL1，输出端为引脚 XTAL2，在芯片的外部通过这两个引脚跨接晶体振荡器和微调电容，形成反馈电路，就构成了一个稳定的自激振荡器，如图 1-2 所示。电路中的电容一般取 30 pF 左右，而晶体的振荡频率范围通常是 1.2～12MHz。

2. CPU 时序

振荡器产生的时钟周期经脉冲分配器，可产生多相时序，如图 1-3 所示。51 单片机的时序单位共 4 个，从小到大依次是：节拍、状态、机器周期。

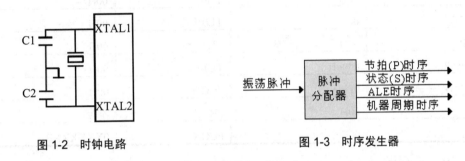

图 1-2 时钟电路　　　　　图 1-3 时序发生器

时序单位之间的关系如图 1-4 所示，CPU 执行一条指令的时间称为指令周期，一般由若干个机器周期组成。指令不同，所需要的机器周期数也不同，有单周期指令、双周期指令和三周期指令之分。而一个机器周期由 6 个状态周期组成，一个状态又包括两个节拍。

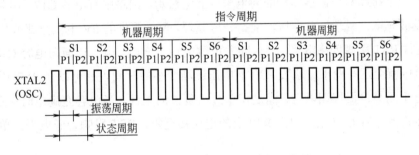

图 1-4 各时序单位之间的关系示意图

三、复位电路

复位是单片机的初始化操作，只要给单片机的 RST 引脚加上 2 个机器周期以上的高电平信号，就可以使单片机复位。复位的主要功能是把 PC 初始化为 0000H，使单片机从 0000H 单元开始执行程序。除了进入系统的正常初始化外，当由于程序运行出错或操作错误使系统处于死锁状态时，也需要按复位键重新启动，因而复位是一个很重要的操作方式。单片机本身一般是不能自动进行复位的(在热启动时本身带有看门狗复位电路的单片机除外)，必须配合相应的外部电路才能实现。单片机的复位都是靠外部电路实现的，分为上电自动复位和手动按键复位。

除 PC 之外，复位操作还对其他一些寄存器有影响，它们的复位状态如表 1-2 所示。复位后除(SP)=07H，P0、P1、P2、P3 为 0FFH 外，其他寄存器都为 0。

表 1-2 复位时各寄存器的状态

寄 存 器	复位状态	寄 存 器	复位状态
PC	0000H	TMOD	00H
ACC	00H	TCON	00H
B	00H	TH0	00H
PSW	00H	TL0	00H
SP	07H	TH1	00H
DPTR	0000H	TL1	00H
P0～P3	0FFH	SCON	00H
IP	00H	SBUF	不定
IE	00H	PCON	0XXXXXXB

下面结合图 1-16 所示的单片机最小系统电路图，介绍单片机的两种复位过程。

1) 上电复位

单片机上电时，首先要做的事情就是执行初始化操作，而初始化的条件就是要在 RST 引脚上提供一个超过两个机器周期的高电平。上电初始，回路中有电容 C17、电阻 R20，此时电容还没被充电，两端没有电压，根据分压原理，V_{CC} 提供的 5V 电压全部被分配在电阻 R20 上，此时 RST 引脚为高电平，而后随着电容的逐步充电，电压逐渐向电容 C17 上转移，R20 上的电压就会逐渐变小，这段 R20 上电压逐渐变小的时间正好可以使 RST 引脚的电压维持在高电平两个机器周期以上，满足使单片机复位的条件。当电容充满电时，则 5V 电压几乎全被备份到电容 C17 上，电阻 R20 上的电压接近零，RST 引脚为低电平，单片机开始正常工作。

2) 手动复位

单片机在工作过程中，如果某种原因导致"程序跑飞"或"死机"，在没有看门狗电路的情况下，手动复位是最简单的办法。当复位按键 RST 被按下时，V_{CC} 的电压全部作用在 R20 上，此时复位引脚 RST 端变为高电平，电容 C17 迅速放电，按键 RST 松开，该支路断开，由于 C17 放空，所以 V_{CC} 的电压又全部承载在 R20 身上，复位引脚 RST 端电压重新变为高电平，C17 又开始充电，电压又逐渐向 C17 上转移，此时单片机重复上电复位过程。

四、工程建立、编译的基本步骤

工程的建立是基于编译软件的,本书采用的编译环境是 Keil,将在后续章节做详细介绍。这里只是简单演示工程建立、编译的基本过程。

(1) 启动 Keil C 软件,进入如图 1-5 所示界面。

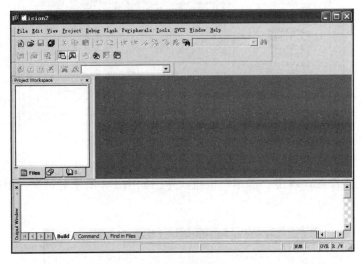

图 1-5 初始界面

(2) 单击菜单栏中的 Project→New Project 选项,在弹出的对话框中输入工程名称 1s_xunhuan,并选择合适的路径(通常为每个工程建一个同名或同义的文件夹,这样便于管理),单击"保存"按钮,这样就创建了一个新的工程文件,文件名为 1s_xunhuan.uv2,如图 1-6 所示。

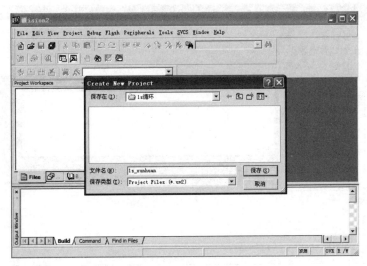

图 1-6 新建工程

(3) 单击"保存"按钮后,弹出如图 1-7 所示对话框,选择单片机的厂家和型号。

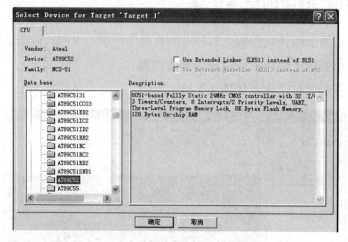

图 1-7 器件选择对话框

(4) 选择完器件后,单击"确定"按钮,弹出如图 1-8 所示对话框。单击"是"按钮,建立工程完毕。

图 1-8 询问对话框

(5) 单击菜单栏中的 File→New 选项,或单击工具栏中的 New 图标,新建一个空白的文本文件,如图 1-9 所示。

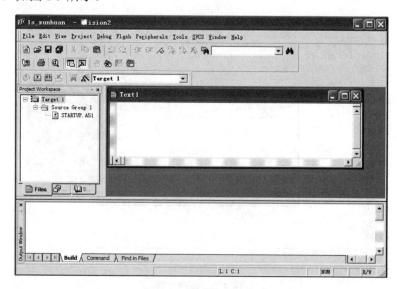

图 1-9 新建文本文件

(6) 单击 File→Save 选项，或单击工具栏中的 Save 图标，保存文件。汇编保存成 A51 或 ASM 格式，C 语言保存成.c 格式。这里我们采用 C 语言编写，所以保存成.c 格式。文件名称一般与工程名称相同，如图 1-10 所示。

图 1-10　文件保存类型

(7) 单击"保存"按钮，文本对话框变为如图 1-11 所示的样子。

图 1-11　命名后的文本

(8) 右击"工程管理窗格"中的 Source Group 1，从弹出的快捷菜单中选择 Add Files to Group "Source Group 1"，弹出如图 1-12 所示对话框。选择 1s_xunhuan.c 文件，单击 Add 按钮，然后单击 Close 按钮，如图 1-13 所示，可以看到 1s_xunhuan.c 文件已经被添加到 Source Group 1。接下来就可以在文本编辑框中编写程序了。

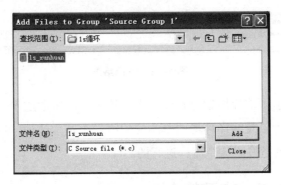

图 1-12　添加文件到组对话框

(9) 在文本框中编写完程序，编译即可生成目标文件，如图 1-14 所示。

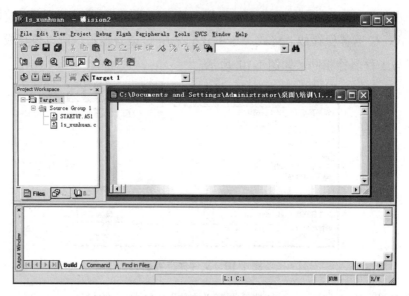

图 1-13 添加文件后的界面

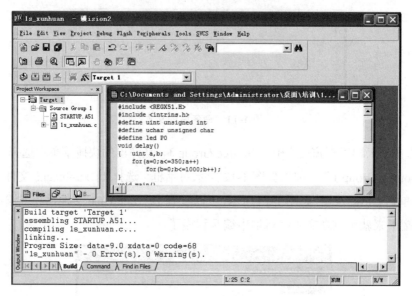

图 1-14 编译结果

上述操作简单演示了单片机软件开发的大体流程,希望通过本案例可以使读者对单片机软件开发的基本过程以及编译环境的基本应用有一个基本认识,以后进行较复杂单片机软件系统设计时,基本是按照这个流程进行的。

五、P0 口的位电路结构及特点

P0 口的位电路结构如图 1-15 所示。当 P0 作为普通 I/O 来用时,P0 口为一个准双向口。所谓准双向口就是在读数据之前,先要向相应的锁存器做写 1 操作。从图 1-15 中可以看出,在读入端口数据时,由于输出驱动FET并接在引脚上,如果T2导通,就会将输入的高电平拉成低电平,产生误读。所以在端口进行输入操作前,应先向端口锁存器写1,使T2截止,引脚处于悬浮状态,变为高阻抗输入。

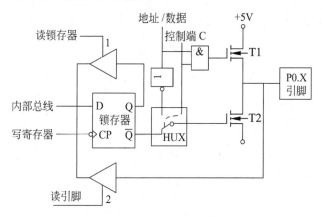

图1-15 P0口的位电路结构

但在实际应用中好像并不复杂,我们只需要知道,当想改变端口的状态时,只需要把相应的数字状态值赋给P0口,和数字电路中一样,0代表低电平,1代表高电平。

六、控制端口的名称依据

为什么控制端口的标识符写作P0?这个问题就像1+1为什么等于2一样,在头文件中设置并规定了端口的名称,其实就是把端口的实际地址对应一个比较容易记忆的名称。

关于这些名称在头文件中的定义,在程序的开头有#include<reg51.h>这条语句,它的含义我们已经很清楚了。但对于reg51.h文件的内部我们却还不了解,下面来看看该文件的内容。

```
/*-------------------------------------------------------------
AT89X51.H
Header file for the low voltage Flash Atmel AT89C51 and AT89LV51.
Copyright (c) 1988-2002 Keil Elektronik GmbH and Keil Software, Inc.
All rights reserved.
-------------------------------------------------------------
--*/
#ifndef __AT89X51_H__
#define __AT89X51_H__
/*------------------------------------------------
Byte Registers
------------------------------------------------*/
sfr P0    = 0x80;
sfr SP    = 0x81;
sfr DPL   = 0x82;
```

```c
sfr DPH    = 0x83;
sfr PCON   = 0x87;
sfr TCON   = 0x88;
sfr TMOD   = 0x89;
sfr TL0    = 0x8A;
sfr TL1    = 0x8B;
sfr TH0    = 0x8C;
sfr TH1    = 0x8D;
sfr P1     = 0x90;
sfr SCON   = 0x98;
sfr SBUF   = 0x99;
sfr P2     = 0xA0;
sfr IE     = 0xA8;
sfr P3     = 0xB0;
sfr IP     = 0xB8;
sfr PSW    = 0xD0;
sfr ACC    = 0xE0;
sfr B      = 0xF0;
/*------------------------------------------------
P0 Bit Registers
------------------------------------------------*/
sbit P0_0 = 0x80;
sbit P0_1 = 0x81;
sbit P0_2 = 0x82;
sbit P0_3 = 0x83;
sbit P0_4 = 0x84;
sbit P0_5 = 0x85;
sbit P0_6 = 0x86;
sbit P0_7 = 0x87;
/*------------------------------------------------
PCON Bit Values
------------------------------------------------*/
#define IDL_    0x01
#define STOP_   0x02
#define PD_     0x02    /* Alternate definition */
#define GF0_    0x04
#define GF1_    0x08
#define SMOD_   0x80
/*------------------------------------------------
TCON Bit Registers
------------------------------------------------*/
sbit IT0 = 0x88;
sbit IE0 = 0x89;
sbit IT1 = 0x8A;
sbit IE1 = 0x8B;
sbit TR0 = 0x8C;
sbit TF0 = 0x8D;
```

```c
sbit TR1  = 0x8E;
sbit TF1  = 0x8F;
/*------------------------------------------------
TMOD Bit Values
------------------------------------------------*/
#define T0_M0_   0x01
#define T0_M1_   0x02
#define T0_CT_   0x04
#define T0_GATE_ 0x08
#define T1_M0_   0x10
#define T1_M1_   0x20
#define T1_CT_   0x40
#define T1_GATE_ 0x80
#define T1_MASK_ 0xF0
#define T0_MASK_ 0x0F
/*------------------------------------------------
P1 Bit Registers
------------------------------------------------*/
sbit P1_0 = 0x90;
sbit P1_1 = 0x91;
sbit P1_2 = 0x92;
sbit P1_3 = 0x93;
sbit P1_4 = 0x94;
sbit P1_5 = 0x95;
sbit P1_6 = 0x96;
sbit P1_7 = 0x97;
/*------------------------------------------------
SCON Bit Registers
------------------------------------------------*/
sbit RI   = 0x98;
sbit TI   = 0x99;
sbit RB8  = 0x9A;
sbit TB8  = 0x9B;
sbit REN  = 0x9C;
sbit SM2  = 0x9D;
sbit SM1  = 0x9E;
sbit SM0  = 0x9F;
/*------------------------------------------------
P2 Bit Registers
------------------------------------------------*/
sbit P2_0 = 0xA0;
sbit P2_1 = 0xA1;
sbit P2_2 = 0xA2;
sbit P2_3 = 0xA3;
sbit P2_4 = 0xA4;
sbit P2_5 = 0xA5;
sbit P2_6 = 0xA6;
sbit P2_7 = 0xA7;
```

```c
/*------------------------------------------------
IE Bit Registers
------------------------------------------------*/
sbit EX0  = 0xA8;       /* 1=Enable External interrupt 0 */
sbit ET0  = 0xA9;       /* 1=Enable Timer 0 interrupt */
sbit EX1  = 0xAA;       /* 1=Enable External interrupt 1 */
sbit ET1  = 0xAB;       /* 1=Enable Timer 1 interrupt */
sbit ES   = 0xAC;       /* 1=Enable Serial port interrupt */
sbit ET2  = 0xAD;       /* 1=Enable Timer 2 interrupt */
sbit EA   = 0xAF;       /* 0=Disable all interrupts */
/*------------------------------------------------
P3 Bit Registers (Mnemonics & Ports)
------------------------------------------------*/
sbit P3_0 = 0xB0;
sbit P3_1 = 0xB1;
sbit P3_2 = 0xB2;
sbit P3_3 = 0xB3;
sbit P3_4 = 0xB4;
sbit P3_5 = 0xB5;
sbit P3_6 = 0xB6;
sbit P3_7 = 0xB7;
sbit RXD  = 0xB0;       /* Serial data input */
sbit TXD  = 0xB1;       /* Serial data output */
sbit INT0 = 0xB2;       /* External interrupt 0 */
sbit INT1 = 0xB3;       /* External interrupt 1 */
sbit T0   = 0xB4;       /* Timer 0 external input */
sbit T1   = 0xB5;       /* Timer 1 external input */
sbit WR   = 0xB6;       /* External data memory write strobe */
sbit RD   = 0xB7;       /* External data memory read strobe */
/*------------------------------------------------
IP Bit Registers
------------------------------------------------*/
sbit PX0  = 0xB8;
sbit PT0  = 0xB9;
sbit PX1  = 0xBA;
sbit PT1  = 0xBB;
sbit PS   = 0xBC;
sbit PT2  = 0xBD;
/*------------------------------------------------
PSW Bit Registers
------------------------------------------------*/
sbit P    = 0xD0;
sbit FL   = 0xD1;
sbit OV   = 0xD2;
sbit RS0  = 0xD3;
sbit RS1  = 0xD4;
sbit F0   = 0xD5;
sbit AC   = 0xD6;
```

```
sbit CY    = 0xD7;
/*------------------------------------------------
Interrupt Vectors:
Interrupt Address = (Number * 8) + 3
------------------------------------------------*/
#define IE0_VECTOR  0   /* 0x03 External Interrupt 0 */
#define TF0_VECTOR  1   /* 0x0B Timer 0 */
#define IE1_VECTOR  2   /* 0x13 External Interrupt 1 */
#define TF1_VECTOR  3   /* 0x1B Timer 1 */
#define SIO_VECTOR  4   /* 0x23 Serial port */
#endif
```

七、端口的输出控制方式

1. 端口字节操作

51 单片机端口的电平状态只有两种：高电平 1，低电平 0。如图 1-17 所示，8 个 LED 阳极接电源 V_{CC}，如果想让 8 个 LED 点亮，则 LED 的阴极应该为低电平；相反，如果想让它们熄灭，则应给它们高电平。因此当想初始化 LED 全灭时，我们需要让 P0 端口的状态为高电平，方法就是执行"P0=0xff;"(0xff 是十六进制表示法，相当于二进制的 0b00000000)这样一条赋值语句。同理，要点亮小灯 L1 时，需要的 P0 口的电平状态是，P00 为低电平，其余 7 个端口为高电平，即执行语句"P0=0xfe;"。这样我们就用单片机点亮了你学习历程中的第一盏小灯(第一个例子)。

2. 端口的位操作

点亮小灯只有这么一种方式吗？当然不是。刚才操作中发现一个问题，在执行"P0=0xfe;"时，其实只是想改变端口 P00 的状态，但这里实际上对每个端口都进行了赋值操作，只不过是给其他 7 个端口赋了跟原来相同的值，这种操作方式叫作字节操作。其实可以只对 P00 这一个端口进行操作，这种只对 P0 口中的一个端口进行操作的方式叫作位操作。如下例所示：

```
#include <REGX51.H>
#define LED P0  //宏定义，LED 以后就等同于 P0
sbit L1=P0^0;//位定义，L1 就相当于 P00 端口
void main()
{
    LED=0xff;//先初始化小灯为熄灭状态
    L1=0;//点亮 L1
    while(1);
}
```

上例跟以往有什么不同？这里在改变 P00 口的状态时，我们使用的是位操作方式，但

值得注意的是，如果想使用类似 L1 这样的名称，必须在程序的前面用位定义的方式(通过 sbit 定义)进行声明，否则的话，就必须严格采用头文件里对端口 P00 规定的名称，即 P0_0，对应的语句"L1=0;"应写成"P0_0=0;"。

八、关键的 while(1)

为什么程序的最后都有一句"while(1);"呢？从 C 语言的角度来看，while(1)其实就是一个死循环。其实这一句是为了防止程序跑飞而故意加上的。假设没有这一句，当操作程序执行到最后一句时，没有后续的语句要执行，但单片机的 PC 指针仍然会执行加 1 操作，就有可能使 PC 指针指向 ROM 中的一个空白地址，这就是所谓的程序跑飞。加上 while(1) 之后，就能有效地避免这种情况。当单片机没有任何事情做时，那就让它在这里等待吧，至少 PC 指针不会乱跑。

有的同学不免会问，如果想再让它干点事情(执行某段程序)时，应该怎么办，还有没有办法？其实单片机的工作机制早就考虑到了这一点，那就是中断机制，这个我们会在后续的章节中介绍。

【任务实践】

1) 工作任务描述

设计出能够驱动 8 个 LED 发光二极管工作的基本电路，并点亮 P0 端口控制的小灯 L1。

2) 工作任务分析

项目一中单片机的最小工作系统已经搭建成功，可以在最小系统的基础上，用单片机的 P0 端口的 8 根引脚分别连接 1 个 LED，LED 的阴极接单片机的端口，阳极通过一个 1kΩ 的限流电阻连接电源 V_{CC}(V_{CC} 为+5V)，然后让 P0 口输出对应电平状态即可。

3) 工作步骤

(1) 搭建最小系统电路，设计 LED 驱动电路。

(2) 了解单片机端口的输出控制方式。

(3) 打开集成开发环境，建立一个新的工程。

(4) 编写控制程序，编译生成目标文件。

(5) 下载调试。

4) 工作任务设计方案及实施

最小系统电路如图 1-16 所示，LED 驱动电路如图 1-17 所示。

项目一 单片机控制 LED

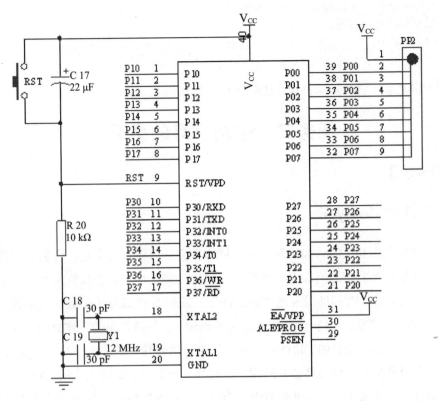

图 1-16 单片机最小系统电路

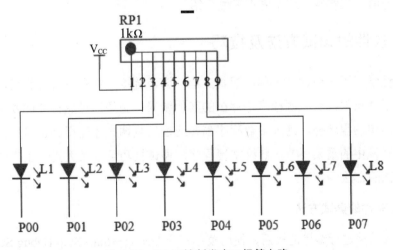

图 1-17 P0 口控制发光二极管电路

程序示例：

```
#include <REGX51.H>
#define LED P0   //宏定义，LED 以后就等同于 P0
void main()
{
```

```
LED=0xff;//先初始化小灯为熄灭状态
LED=0xfe;//点亮L1
while(1);
}
```

请读者用之前所讲的知识将程序进行编译，仿真以及下载。

任务二　控制小灯的亮灭

【知识储备】

一、软件延时delay()

如果把亮的状态和灭的状态放到一个循环体里会怎么样？答案是，它们会交替地重复执行，如果在这两个状态之间加上一定的时间间隔，那么小灯就会按照预期的结果以一定的时间间隔亮灭，这个时间间隔就是"delay();"。我们看到delay()函数的内部其实就是两个for循环的嵌套，通过重复执行某些无意义的语句，消耗单片机的工作时间，从而达到通过软件的方式实现延时的目的。软件延时实现起来非常容易，但有两点不足：①C语言实现的软件延时无法达到一个精确的延时时间；②软件延时的方式确实大大地消耗了CPU的工作时间，降低了工作效率。在后续章节中，会介绍一种更为精确、有效的设置延时的方式，那就是通过定时器来实现，这里先不多做介绍。

二、Keil软件的调试方法及技巧

前面已经学习了如何建立工程、配置工程、编译链接，并获得目标代码，但这只表示源代码没有语法错误，至于源程序中存在的其他错误，必须通过调试才能发现并解决。事实上，除极简单的程序外，绝大多数程序都要通过反复调试才能得到正确的结果。因此，调试是软件开发中的重要环节，熟练掌握程序的调试技巧可以大大提高工作效率。下面将详细介绍调试的方法。

1. Keil软件的调试方法

当工程成功地进行编译链接后，使用菜单命令Debug→Start/Stop Debug Session或直接单击工具栏上的 按钮或使用快捷方式，即可以进入调试环境，如图1-18所示。

进入调试状态后，工程管理窗口自动跳转到寄存器窗口，Debug菜单中原来不可使用的命令现在已经可以使用了，调试工具栏如图1-19所示。

调试程序时，一些程序行必须满足一定的条件才能够被执行。如有键盘输入的程序(程序中要求键盘输入某个指定值时才执行对应程序的情况)，中断子程序(当有中断请求时，

CPU 响应中断后才执行的中断子程序)或串口接收发送程序等。这些条件往往是异步发生的或难以预先设定的,这种情况使用单步执行的方法是很难调试的,此时就要用到程序调试中的另一种非常重要的方法——断点调试。

断点调试的方法有很多种,常用的是在某一行程序处设置断点,设置好断点后可以全速运行程序,一旦执行到该行程序即停止执行。可以在此时观察有关变量或寄存器的值,以确定问题所在。在程序行设置/移除断点的方法是将光标定位于需要设置断点的程序行,使用菜单命令 Debug→Insert/Remove BreakPoint 设置或移除断点(也可以双击该行实现同样的功能);Debug→Enable/Disable BreakPoint 是开启或暂停光标所在行的断点功能;Debug→Disable All BreakPoint 是暂停所有断点;Debug→Kill All BreakPoint 是清除所有的断点设置。

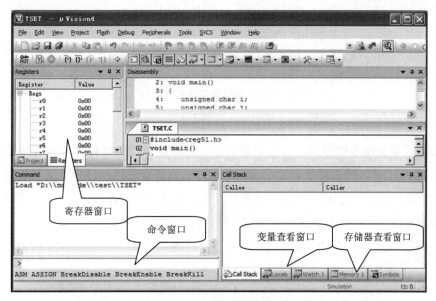

图 1-18 调试仿真环境

图 1-19 调试工具栏

2. 常用调试窗口介绍

1) 功能寄存器查看窗口

如图 1-20 所示是功能寄存器查看窗口,寄存器页包括当前的工作通用寄存器组和部分专用寄存器、系统寄存器组,有一些是实际存在的寄存器,如 A、B、SP、DPTR、PSW 等,有一些是实际中并不存在或虽然存在却不能对其操作的,如 sec、PC、Status 等。每当程序执行到某个寄存器操作时,该寄存器会以高亮(蓝底白字)显示,单击,然后按下 F2 键,即可修改该值。

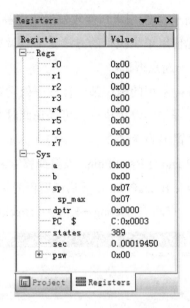

图 1-20 功能寄存器查看窗口

2) 查看窗口

查看窗口是很重要的窗口，寄存器窗口中仅可以观察到工作寄存器和有限的寄存器，如 A、B、DPTR 等，如果需要查看存储器地址的值或者在观察程序中定义变量的值，就要借助于查看窗口了。查看窗口有 5 个标签页，分别是调用栈(Call Stack)、局部变量(Locals)、查看 1(Watch 1)、存储器 1(Memory 1)以及符号(Symbols)。

(1) Call Stack：显示程序执行过程中对子程序的调用情况，如图 1-21 所示。

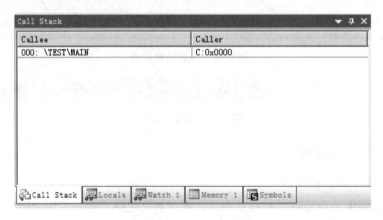

图 1-21 Call Stack 窗口

(2) Locals：显示程序调试过程中当前局部变量的值，如图 1-22 所示。

(3) Watch 1：显示程序中已经设置的任何变量(如变量、结构体、数组等)在调试过程中的当前值，如图 1-23 所示。

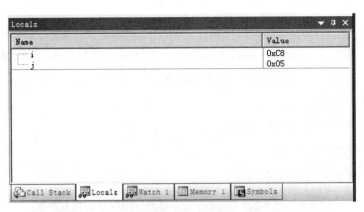

图 1-22　Locals 窗口

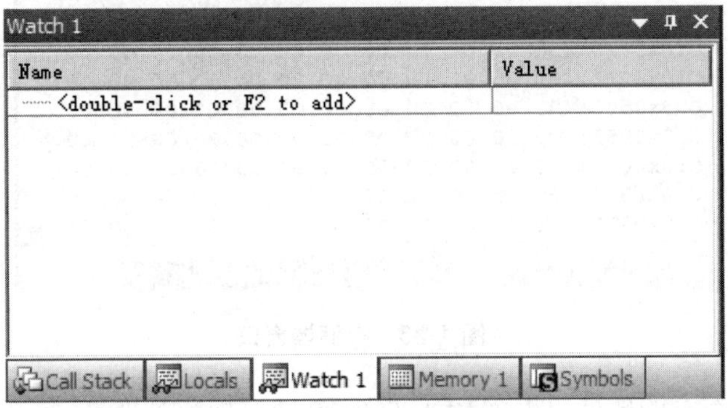

图 1-23　Watch 1 窗口

(4) Memory 1：显示系统中各种内存中的值，该窗口将单独介绍。

(5) Symbols：显示调试器中可用的符号信息，如图 1-24 所示。

注意：在 Locals、Watch1 窗口中右击鼠标可以改变局部变量或观察点的值，使其按十六进制(HEX)或十进制(Decimal)方式显示，还可以通过选中后按 F2 键来改变其值。

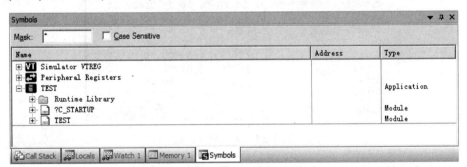

图 1-24　Symbols 窗口

3) 存储器窗口

如图 1-25 所示，存储器窗口可以显示系统中各种内存的值。DATA 是可直接寻址的片内数据存储区，XDATA 是外部数据存储区，IDATA 是间接寻址的片内数据存储区，CODE 是程序存储区。通过在 Address 编辑框内输入"字母:单元地址"即可显示相应内存值。其中字母可以是 C、D、I、X，其代表的含义如下。

(1) C：代码存储空间。
(2) D：直接寻址的片内存储空间。
(3) I：间接寻址的片内存储空间。
(4) X：扩展的外部 RAM 空间。

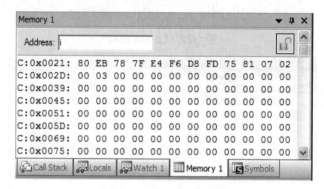

图 1-25　存储器窗口

数字代表想要查看的地址。例如，输入 D:0x00 即可观察到地址 0 开始的片内 RAM 单元值。输入 C:0x00 即可显示从 0 开始的 ROM 单元中的值，可以查看程序的二进制代码。该窗口的显示值可以以各种形式显示，如十进制、十六进制、字符型等，改变显示方式的方法是右击数字，在弹出的快捷菜单中选择相应方式，如图 1-26 所示。

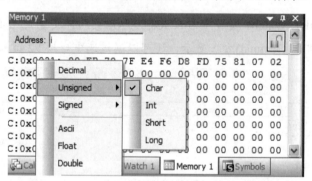

图 1-26　选择显示方式

Decimal 选项是一个开关，如果选择该选项，则窗口中的值将以十进制的形式显示，否则按默认的十六进制方式显示。

Unsigned 和 Signed 分别代表无符号形式和有符号形式。例如，Unsigned 的 4 个选项：Char、Int、Short、Long，分别代表以字符方式显示、整型数方式显示、短整型数方式显示、长整型数方式显示，默认以 Unsigned Char 型显示。

选择以上任一选项，内容将以整数形式显示。如选择 Ascii 选项则以字符形式显示；选择 Float 选项将相邻 4 字节组成浮点数形式显示；选择 Double 选项则将相邻 8 字节组成双精度形式显示。

当需要更改某一内存单元的数值时，只需双击需要改变的数值的单元，直接从键盘输入应改的数值即可。

4) 反汇编窗口

使用 View 菜单中的 Disassembly Windows 命令可以打开反汇编窗口，如图 1-27 所示。反汇编窗口用于显示目标程序的汇编语言指令、反汇编代码及其地址。当采用单步或断点方式运行程序时，反汇编窗口的显示内容会随指令的执行而滚动。

图 1-27 反汇编窗口

反汇编窗口可以使用右键功能，将鼠标指针移至反汇编窗口并右击，可以弹出如图 1-28 所示的快捷菜单。

其中 Mixed Mode 选项采用高级语言与汇编语言混合方式显示；Assembly Mode 选项采用汇编语言方式显示；Address Range 选项用于显示用户程序的地址范围；Show Disassembly at Address... 可以设定跳转的某个地址显示汇编代码；Set Program Counter 用来设置 PC 指针的值；Run to Cursor line 表示执行到光标所在行；Inline Assembly...选项用于程序调试中的"在线汇编"；Load Hex or Object file...用于重新装入 Hex 或 Object 文件进行调试。

图 1-28 快捷菜单

5) 命令窗口

可以通过在命令窗口中输入命令来调用μVision 调试器的调试功能，如查看和修改变量或寄存器的内容，如图 1-29 所示。具体命令信息可以查看帮助文件中的 μVision4 User's Guide →Debugging→Command Window。

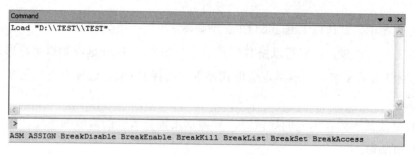

图 1-29 命令窗口

6) 串行窗口

μVision4 提供了几个串行窗口,包括调试浏览器、串行输入和输出,可以不需要外部硬件来模拟 CPU 的 UART。单击 View → Serial Windows 命令,出现图 1-30 所示的菜单。另外串行输出,还可以使用命令窗口中的 assign 命令分配给 PC 的 COM 端口。

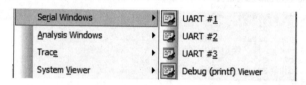

图 1-30 串行窗口下拉菜单

注意:μVision4 中 printf 函数的输出信息需通过 Debug(printf) Viewer 窗口显示,当然使用前必须先配置好串口。

3. 通过 Peripherals 菜单观察仿真结果

为了能够比较直观地了解单片机中定时器、中断、输入/输出端口、串行口等各模块及相关寄存器的状态,Keil 提供了一些外围接口对话框,通过 Peripherals 菜单选择,如图 1-31 所示。目前 51 型号繁多,不同型号的单片机具有不同的外围集成功能,μVision4 通过内部集成器件库实现对各种单片机外围集成功能的模拟仿真,它的选项内容会根据选用的单片机型号而有所变化。针对 51 系列单片机有 Interrupt(中断)、I/O-Ports(输入/输出端口)、Serial(串行口)、Timer (定时器/计数器)四个功能模块。

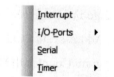

图 1-31 Peripherals 下拉菜单

(1) 单击 Peripherals 菜单栏中的 Interrupt 选项,将弹出如图 1-32 所示的中断系统观察窗口,用于显示 51 单片机中断系统状态。

选中不同的中断源,Selected Interrupt 栏中将出现与之相对应的中断允许和中断标志位的复选框,通过对这些状态位的置位和复位操作,很容易实现对单片机中断系统的仿真。对于具有多个中断源的单片机如 8052 等,除了如上所述几个基本中断源之外,还可以对其他中断源如监视定时器(Watchdog Timer)等进行模拟仿真。

项目一 单片机控制 LED

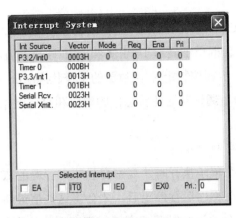

图 1-32 中断系统观察窗口

(2) 单击 Peripherals 菜单中的 I/O-Ports 选项,用于仿真 80C51 单片机的并行 I/O 接口 Port0、Port1、Port2、Port3。选中 Port1 后将弹出如图 1-33 所示窗口。其中,P1 栏显示 51 单片机 P1 口锁存器状态,Pins 栏显示 P1 口各个引脚的状态,仿真时各位的状态可根据需要进行修改。

(3) 单击 Peripherals 菜单中的 Serial 选项,用于仿真 80C51 单片机的串行口,弹出如图 1-34 所示窗口。

① Mode 下拉列表框用于选择串行口的工作方式,可以选择 8 位移动寄存器、8 位/9 位可变波特率 UART、9 位固定波特率 UART 等不同工作方式。选定工作方式后,相应特殊工作寄存器 SCON 和 SBUF 的控制字也显示在窗口中。通过对特殊控制位 SM2、REN、TB8、RB8、TI 和 RI 复选框的置位和复位操作,很容易实现对 51 单片机内部串行口的仿真。

② Baudrate 栏用于显示串行口的工作波特率,SMOD 位置位是将波特率加倍。

(4) 单击 Peripherals 菜单中的 Timer→Timer0,出现图 1-35 所示定时/计数器 0 的外围接口界面。

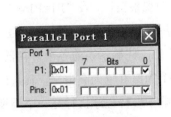

图 1-33 P1 口观察窗口

图 1-34 串行口观察窗口

图 1-35 定时/计数器观察窗口

① Mode 下拉列表框用于选择工作方式,可选择定时器或计数器方式,选定工作方式

后相应特殊工作寄存器 TCON 和 TMOD 的控制字也显示在窗口中，TH0 和 TL0 用于显示计数值，T0 Pin 和 TF0 复选框用于显示 T0 引脚和定时/计数器溢出状态。

② Control 栏用于显示和控制定时/计数器的工作状态(Run 或 Stop)，TR0、GATE 和 INT0 复选框是启动控制位，通过对这些状态位的置位和复位操作，很容易实现对 80C51 单片机内部定时/计数器仿真。

其他窗口将在以下的实例中介绍。

调试时，通常我们仅在单步执行时才观察变量或寄存器的值，当程序全速运行时，变量的值是不更新的，只有在程序运行停止后，才会将这些值最新的变化反映出来。但是在一些特殊场合下，需要在全速运行时观察变量或寄存器值的变化，这时可以单击 View→Periodic Window Update(周期更新窗口)命令。选中该选项，将会使程序模拟执行的速度变慢。

下面通过实例简单介绍调试的基本过程。还是以本项目的控制 LED 的例子来介绍，进入调试环境，打开 P1 口观察窗口，如图 1-36 所示。

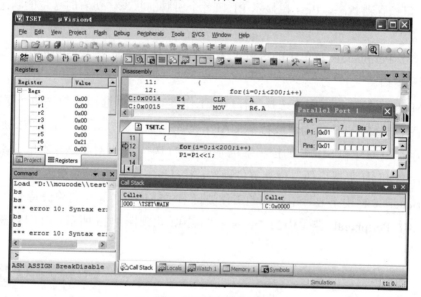

图 1-36 调试环境观察窗口

单击菜单栏中的 Peripherals—I/O Ports—Port 1 打开 P1 口的观察窗口，在 "P1=P1<<1;" 代码行双击，即可创建断点标志。然后按键盘上的 F5 键，或用鼠标单击全速运行快捷键，观察程序的执行情况。可以看到程序在执行到断点处时马上停止，并显示当前各个寄存器、端口，以及程序中的变量的状态。由图 1-36 可以看出，端口 P1 的第 0 位为高电平，其余位为低电平。再按 F5 键，可以看到 P0 口各位依次轮流显示高电平。待程序执行完一个周期后，观察程序仿真结果，如果达到预期的结果，就可以将程序下载到目标板上，观察实际运行结果。如有问题可以再调试程序，直到实际运行情况达到预期结果。

【任务实践】

1) 工作任务描述

设计出能够驱动 8 个 LED 发光二极管工作的基本电路,并控制小灯 L1 以一定的时间间隔亮灭。

2) 工作任务分析

电路图在图 1-17 的基础上不变,然后让 P0 口 P00 每隔一段时间输出电平状态翻转一次即可。

3) 工作步骤

(1) 设计 LED 驱动电路。

(2) 了解单片机端口的输出控制方式。

(3) 打开集成开发环境,建立一个新的工程。

(4) 编写控制程序,编译生成目标文件。

(5) 下载调试。

4) 工作任务设计方案及实施

程序示例:

```
#include <REGX51.H>
#define LED P0  //宏定义,LED 以后就等同于 P0
sbit L1=P0^0;//位定义,L1 就相当于 P00 端口
void delay();
void main()
{
    LED=0xff;//先初始化小灯为熄灭状态
    while(1)
    {
        L1=0;//点亮 L1
        delay();
        L1=1;//熄灭
        delay();
    }
}

void delay( )//延时子程序
{   uint a,b;
    for(a=0;a<=350;a++)
    for(b=0;b<=1000;b++);
}
```

任务三 经典的流水灯

【知识储备】

方便的 intrins.h 头文件

对于_crol_( )函数的用法和功能可以直接用 Keli 的帮助文档中的案例来说明,如下所示:

```
#include <intrins.h>
void test_crol (void) {
 char a;
char b;
 a = 0xA5;
 b = _crol_(a,3); /* b now is 0x2D */
}
```

这里实际上是通过调用"b=_crol_(a,3);"把无符号字符型变量 a 循环往左移动了 3 位,然后把移位后的值赋给了无符号字符型变量 b,这个函数之所以能够在这里被调用,原因就在于#include <intrins.h>,_crol_( )函数的声明就在该头文件里。intrins.h 头文件的内容如下:

```
/*--------------------------------------------------------------------------
INTRINS.H

Intrinsic functions for C51.
Copyright (c) 1988-2004 Keil Elektronik GmbH and Keil Software, Inc.
All rights reserved.
--------------------------------------------------------------------------*/

#ifndef __INTRINS_H__
#define __INTRINS_H__

extern void          _nop_     (void);//空操作
extern bit           _testbit_ (bit);//判位指令
//无符号字符型变量循环右移
extern unsigned char _cror_    (unsigned char, unsigned char);
//无符号整型变量循环右移
extern unsigned int  _iror_    (unsigned int, unsigned char);
//无符号长整型变量循环右移
extern unsigned long _lror_    (unsigned long, unsigned char);
extern unsigned char _crol_    (unsigned char, unsigned char);
extern unsigned int  _irol_    (unsigned int, unsigned char);
extern unsigned long _lrol_    (unsigned long, unsigned char);
extern unsigned char _chkfloat_(float);
extern void          _push_    (unsigned char _sfr);
```

```
extern void        _pop_     (unsigned char _sfr);
#endif
```

该头文件中函数的功能,与 51 单片机的汇编指令中具备相同功能的指令相对应,比如 RLC 循环左移、RRC 循环右移、NOP 空操作、JBC 判位指令、PUSH 进栈、POP 出栈等,因此这些函数被称为本征函数。

【任务实践】

1) 工作任务描述

设计出能够驱动 8 个 LED 发光二极管工作的基本电路,并控制 8 个 LED 小灯,从 L1 开始以一定的时间间隔循环亮灭。

2) 工作任务分析

电路图在图 1-17 的基础上不变,然后让 P0 口循环输出点亮状态。

3) 工作步骤

(1) 设计 LED 驱动电路。

(2) 了解单片机端口的输出控制方式。

(3) 打开集成开发环境,建立一个新的工程。

(4) 编写控制程序,编译生成目标文件。

(5) 下载调试。

4) 工作任务设计方案及实施

程序示例:

```
#include <REGX51.H>
#include <intrins.h>

#define uint unsigned int
#define uchar unsigned char
#define led P0

void delay()
{   uint a,b;
       for(a=0;a<=350;a++)
           for(b=0;b<=1000;b++);
}
void main()
{
       uchar temp;
       led=0xff;
       temp=0xfe;
```

```
    while(1)
    {
        led=temp;
        temp=_crol_(temp,1);
        delay();
    }
}
```

任务四 独立按键控制 LED 的亮灭

【知识储备】

一、端口的数据输入

端口的数据输入问题实际上就是 CPU 如何确认单片机 I/O 口引脚的电平状态，就是最简单的独立按键问题。如按键 KEY1 被按下时，则单片机引脚 P15 接地，此时引脚的电平应为低电平。CPU 如果想知道有没有键被按下，唯一的办法就是把该引脚的状态读进来再判断是 1 还是 0，这就是语句 if(KEY1==0)的由来。当然还可以一次读入 P0 口的整个状态，例如"a=P0;"把 P0 的状态读进来存放在变量 a 中，能这么做的原因是，51 单片机的端口既可以进行位操作也可以进行字节操作。

二、按键的去抖动

目前，无论是按键或键盘大部分都是利用机械触点的合、断作用。由于弹性作用的影响，机械触点在闭合及断开瞬间均有抖动过程，从而使电压信号也出现抖动，如图 1-37 所示。抖动时间的长短与开关机械特性有关，一般为 5～10 ms。按键的稳定闭合时间由操作人员的按键动作所决定，一般为十分之几秒至几秒时间。为了保证 CPU 对键的一次闭合仅作一次键输入处理，必须去除抖动影响。

通常去抖动影响的方法有硬件去抖和软件去抖两种。在硬件方面，通常采取在键输出端加 RS 触发器或双稳态电路构成去抖动电路，如图 1-38 所示。图 1-38 中用两个与非门构成一个 RS 触发器。当按键未按下时，输出为 1；当键按下时，输出为 0。此时即使按键因抖动而产生瞬时断开(抖动跳开 B)，只要按键不返回原始状态 A，双稳态电路的状态不改变，输出保持为 0，就不会产生抖动的波形。也就是说，即使 B 点的电压波形是抖动的，但经双稳态电路之后，其输出波形为正规的矩形波。

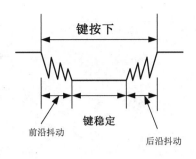
图 1-37 键闭合及断开时的电压波动

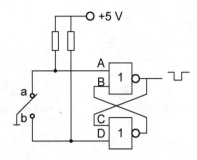
图 1-38 双稳态消抖电路

如果按键较多，则常用软件方法去抖动，即检测出键闭合后执行一个延时程序产生 5～10 ms 的延时，等前沿抖动消失后再一次检测键的状态，如果仍保持闭合状态电平，则确认为真正有键按下。当检测到按键释放后，也要给 5～10 ms 的延时，待后沿抖动消失后才能转入该键的处理程序，从而去除了抖动影响。本例就是采用软件去抖。

【任务实践】

1) 工作任务描述

设计出能够使用按键控制驱动 LED 发光二极管亮灭的基本电路，当按下独立按键 KEY1 时 L1 亮，按下 KEY2 键点亮 L2，按下 KEY3 键点亮 L3，按下 KEY4 键点亮 L4。

2) 工作任务分析

LED 的驱动电路如图 1-17 所示不变，在此基础上在 P15、P16、P17、P33 端口各连接一个按键，按键另一端接地，然后单片机通过识别哪一个按键被按下，来控制对应的 LED 小灯点亮。该任务不仅要用到 I/O 端口的输出控制，同时也包含端口的输入状态的读取。

3) 工作步骤

(1) 设计按键控制 LED 驱动电路。

(2) 了解单片机端口的输入/输出控制方式。

(3) 打开集成开发环境，建立一个新的工程。

(4) 编写控制程序，编译生成目标文件。

(5) 下载调试。

4) 工作任务设计方案及实施

独立按键电路如图 1-39 所示。

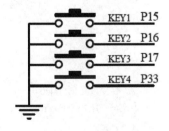
图 1-39 独立按键电路

程序示例：

```
#include <reg52.h>
#include <intrins.h>
#define uchar unsigned char
#define uint unsigned int
```

```c
#define LED P0
//独立按键定义
sbit KEY1=P1^5;
sbit KEY2=P1^6;
sbit KEY3=P1^7;
sbit KEY4=P3^3;
void delay(uint times);//延时函数声明
void main()
{
    while(1)
    {
        if(KEY1==0)//判断key1有没有被按下
        {
            delay(10);//延时10ms,去抖动
            if(KEY1==0)//再次判断,防止误操作
            LED=0xfe;//点亮L1
        }
        if(KEY2==0)
        {
            delay(10);
            if(KEY2==0)
            LED=0xfd;
        }
        if(KEY3==0)
        {
            delay(10);
            if(KEY3==0)
            LED=0xfb;
        }
        if(KEY4==0)
        {
            delay(10);
            if(KEY4==0)
            LED=0xf7;
        }
    }
}
//带参数延时子程序
void delay(uint times)
{
    uint a,b;
    for(a=0;a<=times;a++)
        for(b=0;b<=1000;b++);
}
```

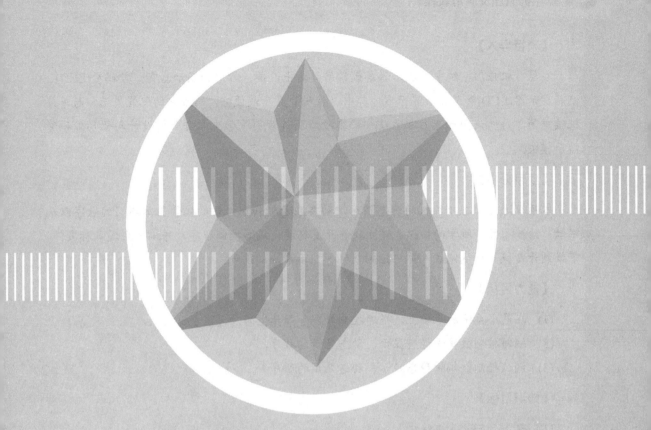

项目二

单片机控制数码管显示系统设计

【项目导入】

在单片机应用系统中，显示器是最常用的输出设备。常用的显示器有：数码管(LED)、液晶显示器(LCD)和荧光屏显示器。其中以数码管显示最便宜，而且它的配置灵活，与单片机接口简单，广泛用于单片机系统中。本项目将逐步引导学生学会如何设计与驱动数码管显示模块。

【项目分析】

本项目通过掌握单片机的静态显示、动态显示等知识，让数码管显示不同的数字以及字母，结合项目1所学的知识，建立软件开发环境，编写控制程序，并编译生成目标文件，下载到开发板，调试完成单片机控制数码管显示系统的设计。

【能力目标】

(1) 在最小系统的基础上，搭建控制数码管显示电路原理图。
(2) 编写控制数码管静态显示、动态显示的程序。
(3) 调试控制数码管静态显示、动态显示的程序。

【知识目标】

(1) 熟悉数码管基本结构。
(2) 掌握数码管静态显示和动态显示的具体方法。
(3) 掌握利用74HC595进行端口扩展的方式。

任务一　让数码显示0

【知识储备】

一、数码管结构及显示原理

LED 显示器是单片机应用系统中常用的显示器件，它由若干个发光二极管组成。当发光二极管导通时，相应的一个点或一个笔画发亮，控制不同组合二极管导通，就能显示出各种字符，如表2-1所示。常用的 LED 显示器是七段位数码管，这种显示器有共阳极和共阴极两种。如图2-1所示，共阴极数码管公共端接地，共阳极数码管公共端接电源。每段发光二极管需要5～10 mA 的驱动电流才能正常发光，一般需加限流电阻控制电流的大小。

本例程序中，我们将字型码数据0x3f通过 write_HC595( )函数送到数码管的段选端，数码管在保证位选端选通的情况下，就会显示数字0。同理，当我们把其他字型数据送入时，数码管也会显示对应的字型。

项目二 单片机控制数码管显示系统设计

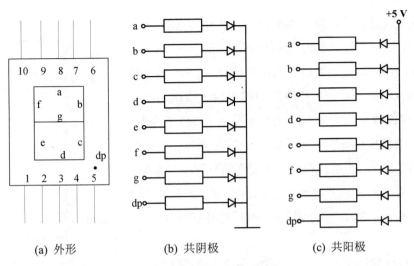

(a) 外形　　　　　(b) 共阴极　　　　　(c) 共阳极

图 2-1　七段数码管结构图

表 2-1　七段 LED 字型码

显示字符	共阳极字码	共阴极字码	显示字符	共阳极字码	共阴极字码
0	C0H	3FH	B	83H	7CH
1	F9H	06H	C	C6H	39H
2	A4H	5BH	D	A1H	5EH
3	B0H	4FH	E	86H	79H
4	99H	66H	F	8EH	71H
5	92H	6DH	P	8CH	73H
6	82H	7DH	U	C1H	3EH
7	F8H	07H	L	C7H	38H
8	80H	7FH	H	89H	76H
9	90H	6FH	"灭"	00H	FFH
A	88H	77H			

二、移位寄存器 74HC595

74HC595 拥有一个 8 位移位寄存器和一个存储器以及三态输出功能。移位寄存器和存储器拥有独立的时钟。数据在移位脉冲的上升沿作用下移位到寄存器中，在锁存脉冲的上升沿作用下输入存储寄存器中去。如果两个时钟连在一起，则移位寄存器总是比存储寄存器早一个脉冲。移位寄存器有一个串行数据移位输入(D_S)和一个串行数据输出(Q_7')以及一个异步复位端(低电平有效)。存储寄存器有一个 8 位并行三态的总线输出，当使能 OE 时(为低电平)，存储寄存器的数据输出到总线，引脚图如图 2-2 所示。

这里我们仅结合该电路中 74HC595 的应用方式给大家做简单介绍，详细内容请参照 595 的数据手册。该电路中主要利用 595 的串入并出功能以及相应驱动能力。595 的工作过程就是将 D_S 端的数据在移位脉冲的作用下依次向前移位，当 8 个移位脉冲之后，8 位数据全部移到了 595 的内部，再通过一个锁存脉冲将数据锁存在输出端口，即数码管的段选端。如图 2-2 所示，单片机与 595 相连的只有 3 个引脚，即数据输入端 D_S、移位脉冲输入端 ST_{CP} 和锁存脉冲输入端 SH_{CP}，移位数据送到 D_S 端，因此单片机所要做的事情也就很清楚了。

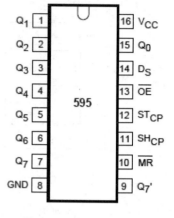

图 2-2　74HC595 引脚图

(1) 将段选数据的每一位分拣出来，依次送给端口 P2_5。
(2) 在 P2_7 端口上模拟产生 8 个移位脉冲。
(3) 在 P2_6 端口上模拟产生 1 个锁存脉冲。

上述三件事情由 send() 函数来实现。

三、段选和位选

数码管实际上是由 8 个 LED 小灯按照一定的顺序摆放组成，因此通常称为 7 段数码管，再加上 dp 正好 8 段。所谓段选实际上就是选通这 8 段的数据端，段选数据就是让数码管能够显示什么内容的数据。而位选是控制数码管的公共端，即决定数码管能不能显示的控制端。简单地说就是段选决定显示什么，位选决定能不能显示。

图 2-3 所示电路中，当开关拨到下面时，573 的 CE 端接地，573 处于选通状态，另外 573 的锁存端 LE 始终接 V_{CC}，因此 573 此时的工作状态处于跟随状态，即输出状态始终与输入状态保持一致。数码管位选通过三极管 8550 接 573 输出，573 的输入接单片机 P0 口。如此看来，位选端的控制问题又转换成对单片机端口 P0 的控制了。假设 P0 口的位状态为 0x00(低电平)，则 573 输出端状态也为 0x00，8 个三极管的基极也为低电平，三极管导通接地，数码管位选端状态为低电平，因为所用数码管为四位共阴极，此时数码管可以正常显示。相反，如果 P0 口状态为 0xff，则 8 位数码管都不能显示。因此，我们可以通过控制各数码管的位选端来控制让哪一位数码管显示数据。

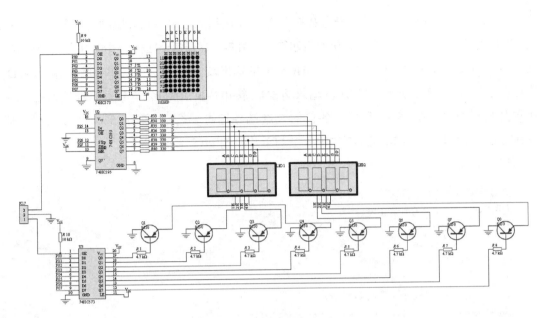

图 2-3 数码管驱动电路

【任务实践】

1) 工作任务描述

设计出能够驱动 8 位数码管显示的基本电路,并编写程序实现 8 位数码管全部显示数字 0。

2) 工作任务分析

8 位数码管可以选用两块四位一体的共阴极数码管,按此计算 8 位数码管段选共用,需要 8 根 I/O 口线。位选独立,需 8 根 I/O 口线。位选和段选共需 16 根口线,而 51 单片机总共只有 32 根口线,为尽可能地节省端口资源,应考虑端口扩展和复用的方式。

3) 工作步骤

(1) 选择合适的外围驱动芯片,设计合理的数码管显示驱动电路。

(2) 了解单片机端口的输入输出控制方式,掌握相关外围芯片的硬件连接方式和软件驱动方式。

(3) 打开集成开发环境,建立一个新的工程。

(4) 编写控制程序,编译生成目标文件。

(5) 下载调试。

4) 工作任务设计方案及实施

如图 2-3 所示电路中为了节省单片机的管脚,设计中我们采用两片 74HC573 作为驱动电路。一片驱动 8 位数码管,另一片驱动点阵及交通灯电路。数据线接单片机的 P0 口,两个驱动芯片的转换通过一个波段开关控制。当开关拨到上边时,点阵驱动电路起作用,相反,当开关拨到下边时,数码管驱动电路起作用。图2-3 中有两个四位一体的共阴极数码管,其中数码的段选(数据段)连接到芯片 74HC595 的输出端,74HC595 的串行数据输入端 D_S 连接在单片机的P2_5 引脚,移位脉冲输入端 SH_{CP} 接单片机引脚P2_7,锁存脉冲输入端 ST_{CP} 接单片机引脚 P2_6,8 位数码管各自的位选端各通过一个三极管 8550 连接的锁存器 74HC573 的输出端,而 74HC573 的输入端与单片机的 P0 口相连。

程序示例:

```
#include <REGX51.H>
#define uchar unsigned char
#define uint unsigned int
#define weixuan P0
sbit sck=P2^7;//移位时钟
sbit tck=P2^6;//锁存时钟
sbit data1=P2^5;//串行数据输入
void write_HC595(uchar wrdat);
void main()
{
    weixuan=0x00;//让位选全部为低,即打开所有数码管显示
    write_HC595(0x3f);
    while(1);
}
/************************************************************
//名称:wr595()向 595 发送一个字节的数据
//功能:向 595 发送一个字节的数据(先发高位)
************************************************************/
void write_HC595(uchar wrdat)
{
    uchar i;
    SCK_HC595=0;
    RCK_HC595=0;
    for(i=8;i>0;i--)              //循环 8 次,写一个字节
    {
        DA_HC595=wrdat&0x80;      //发送 BIT0 位
        wrdat<<=1;                //要发送的数据左移,准备发送下一位
        SCK_HC595=0;
        _nop_();
        _nop_();
        SCK_HC595=1;              //移位时钟上升沿
        _nop_();
        _nop_();
        SCK_HC595=0;
    }
```

```
    RCK_HC595=0;              //上升沿将数据送到输出锁存器
    _nop_();
    _nop_();
    RCK_HC595=1;
    _nop_();
    _nop_();
    RCK_HC595=0;
}
```

任务二 0—F 依次循环显示

【知识储备】

数码管的静态显示

静态显示就是当要显示某个数字时,将要显示的段选数据始终保持在数码管的段选端。例如,有一个共阴极的数码管,只要给它的 abcdef 脚提供高电平,g 脚和 dp 端提供低电平即可显示数字 0。这种显示方法电路简单,程序也十分简洁。但是这种显示方法占用的 I/O 端口较多,当显示的位数在一位以上,一般不采用这种显示方法。

如图 2-4 所示四位静态显示电路,由于显示器中各位相互独立,而且各位的显示字符完全取决于对应口的输出数据,如果数据不改变,那么显示器的显示亮度将不会受影响,所以静态显示器的亮度都较高,但是从图 2-4 中可以看出,它需要 4 组 8 位的数据总线,共 32 根 I/O 口线。这对于单片机来说几乎占用了所有的 I/O 端口,所以显示位数过多时,静态显示这种方法就不再适用了。

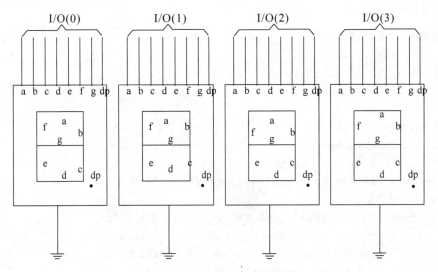

图 2-4 四位静态显示的电路

任务二实际上只是在任务一的基础上，每隔一定的时间按顺序改变发送的段选数据，位选端不发生任何变化。完成任务一和任务二要求，表示我们已经掌握了静态显示的应用，接下来可以进一步提高题目的难度，见任务三。

【任务实践】

1) 工作任务描述

设计出能够驱动 8 位数码管显示的基本电路，并编写程序实现 8 位数码管 0—F 依次循环显示。

2) 工作任务分析

任务二的硬件电路没有变化，只需要软件上做些变动，与任务一数码管的段选数据(显示 0 的字形码)始终保持在段选端上不同，任务二数码管的段选数据每隔一段时间就要从 0 到 F 依次变化一次。

3) 工作步骤

(1) 选择合适的外围驱动芯片，设计合理的数码管显示驱动电路。

(2) 了解单片机端口的输入/输出控制方式，掌握相关外围芯片的硬件连接方式和软件驱动方式。

(3) 打开集成开发环境，建立一个新的工程。

(4) 编写控制程序，编译生成目标文件。

(5) 下载调试。

4) 工作任务设计方案及实施

程序示例：

```
#include <REGX51.H>
#include <intrins.h>
#define uchar unsigned char
#define uint unsigned int
#define weixuan P0
sbit sck=P2^7;//移位时钟
sbit tck=P2^6;//锁存时钟
sbit data1=P2^5;//串行数据输入
//##############################################
//共阴极数码管显示代码：
uchar code seg[16]={0x3f,0x06,0x5b,0x4f,   //0,1,2,3,
                    0x66,0x6d,0x7d,0x07,   //4,5,6,7,
                    0x7f,0x6f,0x77,0x7c,   //8,9,A,b,
                    0x39,0x5e,0x79,0x71};  //C,d,E,F
//##############################################
```

```c
void write_HC595(uchar wrdat);
void delay(uint time);    //延时函数
void main()
{
    uchar num,i;
    weixuan=0x00;
    while(1)
    {
        for(i=0;i<=7;i++)
        {
            num=led[i];
            write_HC595(num);
            delay(350);
            weixuan=_crol_(weixuan,1);
        }
    }
}
void write_HC595(uchar wrdat)
{
    uchar i;
    SCK_HC595=0;
    RCK_HC595=0;
    for(i=8;i>0;i--)           //循环8次,写一个字节
    {
        DA_HC595=wrdat&0x80;   //发送BIT0位
        wrdat<<=1;             //要发送的数据左移,准备发送下一位
        SCK_HC595=0;
        _nop_();
        _nop_();
        SCK_HC595=1;           //移位时钟上升沿
        _nop_();
        _nop_();
        SCK_HC595=0;
    }
    RCK_HC595=0;               //上升沿将数据送到输出锁存器
    _nop_();
    _nop_();
    RCK_HC595=1;
    _nop_();
    _nop_();
    RCK_HC595=0;
}
void delay(uint time)//延时函数
```

```
{
    uint a,b;
    for(a=0;a<=time;a++)
    for(b=0;b<=1000;b++);
}
```

任务三　单个数码管依次轮流显示 0—7

【知识储备】

一、动态显示原理

任务三中，我们对代码做了一些改变，实现了任务要求，简单地说，就是在段选数据改变的同时依次改变位选数据，并且每次只选通一位数码管。即当发送数据 0 的段码时(段码为 0x3f)，位选数据状态为 0xfe；发送数据 1 的段码时(段码为 0x06)，位选数据循环左移一位变成 0xfd；以此类推，再加上一定的时间间隔，就实现了任务要求的显示状态。8 位数码管每次只有一位显示，并轮流显示数字 0—7。设想一下，如果将数字切换的间隔时间逐步调短，也就是将 void delay(uint time)的实参值逐渐调小，最后我们看到的将是 8 位数码管上同时显示数字 0—7，这就是动态显示。

所谓动态显示就是将要显示的数按显示数的顺序在各个数码管上一位一位地显示，它利用人眼的驻留效应使人感觉不到是一位一位显示的，而是一起显示的。

【任务实践】

1) 工作任务描述

设计出能够驱动 8 位数码管显示的基本电路，编写程序，让开发板上的 8 位数码管首先第 0 位显示 0，其他位不显示，然后第 1 位显示 1，每次只有 1 位数码管显示，按此顺序显示到 7，时间间隔为 1 秒。

2) 工作任务分析

任务三的硬件电路没有变化，只需要软件上做些变动，相对于任务二的变化是，任务二中只是数码管的段选数据每隔一定时间间隔发生变化，而任务三是段选数据变化的同时，位选数据也跟着变化。

3) 工作步骤

(1) 选择合适的外围驱动芯片，设计合理的数码管显示驱动电路。

(2) 了解单片机端口的输入/输出控制方式，掌握相关外围芯片的硬件连接方式和软件驱动方式。

(3) 打开集成开发环境,建立一个新的工程。

(4) 编写控制程序,编译生成目标文件。

(5) 下载调试。

4) 工作任务设计方案及实施

程序示例:

```c
#include <REGX51.H>
#include <intrins.h>
#define uchar unsigned char
#define uint unsigned int
#define weixuan P0
sbit sck=P2^7;//移位时钟
sbit tck=P2^6;//锁存时钟
sbit data1=P2^5;//串行数据输入
//#############################################
//共阴极数码管显示代码:
uchar code seg[16]={0x3f,0x06,0x5b,0x4f,   //0,1,2,3,
                   0x66,0x6d,0x7d,0x07,   //4,5,6,7,
                   0x7f,0x6f,0x77,0x7c,   //8,9,A,b,
                   0x39,0x5e,0x79,0x71};  //C,d,E,F
void write_HC595(uchar wrdat);
void delay(uint time);
void main()
{
    uchar num,i;
    weixuan=0xfe;
    while(1)
    {
        for(i=0;i<=7;i++)
        {
            num=led[i];
            write_HC595(num);
            delay(350);
            weixuan=_crol_(weixuan,1);
        }
    }
}
/************************************************************
//名称:wr595()向595发送一个字节的数据
//功能:向595发送一个字节的数据(先发高位)
*************************************************************/
void write_HC595(uchar wrdat)
```

```c
{
    uchar i;
    SCK_HC595=0;
    RCK_HC595=0;
    for(i=8;i>0;i--)            //循环8次，写一个字节
        {
        DA_HC595=wrdat&0x80;    //发送BIT0 位
        wrdat<<=1;              //要发送的数据左移，准备发送下一位
        SCK_HC595=0;
        _nop_();
        _nop_();
        SCK_HC595=1;            //移位时钟上升沿
        _nop_();
        _nop_();
        SCK_HC595=0;
        }
    RCK_HC595=0;                //上升沿将数据送到输出锁存器
    _nop_();
    _nop_();
    RCK_HC595=1;
    _nop_();
    _nop_();
    RCK_HC595=0;
}
void delay(uint time)
{
    uint a,b;
    for(a=0;a<=time;a++)
        for(b=0;b<=1000;b++);
}
```

任务四　00—99计数显示

【知识储备】

一、简单的位值提取

经过对前面3个任务的学习与实践，我们掌握了数码管的基本结构、显示原理和驱动方式，并编程实现了具体功能。任务四也仅仅是对前面所学的组合应用，根据任务要求，我们应该可以很清楚地得出设计思路，就是设定一个计数变量 num，初始化为零，然后每隔1秒 num 加1，当加到100时，num 清零开始下一轮计数。这期间利用数码管的动态显

示方式将计数值的个位和十位值显示出来。对于一个初学者来讲，整理出这样的思路应该不成问题，但具体细节，比如个位和十位怎么得到？一时难以解决。

其实问题很简单，只需要 num 对 10 求模、取余就可以了。程序中"gewei=num%10;"和"shiwei=num/10;"这两句代码就实现了该功能。同理，如果获取一个三位数的百位、十位和个位，只需要对 100 和 10 执行相同操作就可以了。

【任务实践】

1) 工作任务描述

硬件电路参照图 1-17 所示，利用前两位数码管显示，实现一个简单的从 00 到 99 循环计数的秒表。

2) 工作任务分析

00—99 计数显示，实际上是利用两位数码管的动态显示，实现 00—99 之间的任意两位数的显示。由于我们还没有实现精确计时的方式，这里只能通过软件延时的方式实现粗略计时，每隔一定时间间隔，计数变量加 1，然后通过一定程序算法，将计数值的个位和十位分离出来，分别送到段选端，当计数变量的值加到 99 时，计数清 0。

3) 工作步骤

(1) 选择合适的外围驱动芯片，设计合理的数码管显示驱动电路。

(2) 了解单片机端口的输入/输出控制方式，掌握相关外围芯片的硬件连接方式和软件驱动方式，掌握 C 程序设计的简单算法。

(3) 打开集成开发环境，建立一个新的工程。

(4) 编写控制程序，编译生成目标文件。

(5) 下载调试。

4) 工作任务设计方案及实施

程序示例：

```c
#include <REGX51.H>
#define uchar unsigned char
#define uint unsigned int
#define weixuan P0
sbit sck=P2^7;//移位时钟
sbit tck=P2^6;//锁存时钟
sbit data1=P2^5;//串行数据输入
//##########################################
//共阴极数码管显示代码：
uchar code seg[16]={0x3f,0x06,0x5b,0x4f,   //0,1,2,3,
                    0x66,0x6d,0x7d,0x07,   //4,5,6,7,
                0x7f,0x6f,0x77,0x7c,       //8,9,A,b,
```

```c
                    0x39,0x5e,0x79,0x71};   //C,d,E,F
void write_HC595(uchar wrdat);
void delay(uint time);
void main()
{
    uchar num,gewei,shiwei,i;
    num=0;
    while(1)
    {
    gewei=num%10;
    shiwei=num/10;
    while(1)
    {
        weixuan=0xfd;
        write_HC595(seg[gewei]);
        delay(1);
        weixuan=0xfe;
        write_HC595(seg[shiwei]);
        delay(1);
        i++;
        if(i==70)
        {i=0;
        break;}
    }
    num++;
    if(num==100)
        num=0;
    }
}
void write_HC595(uchar wrdat)
{
    uchar i;
    SCK_HC595=0;
    RCK_HC595=0;
    for(i=8;i>0;i--)            //循环8次，写一个字节
        {
        DA_HC595=wrdat&0x80;    //发送BIT0位
        wrdat<<=1;              //要发送的数据左移，准备发送下一位
        SCK_HC595=0;
        _nop_();
        _nop_();
        SCK_HC595=1;            //移位时钟上升沿
        _nop_();
        _nop_();
        SCK_HC595=0;
        }
    RCK_HC595=0;                //上升沿将数据送到输出锁存器
    _nop_();
```

```
    _nop_();
    RCK_HC595=1;
    _nop_();
    _nop_();
    RCK_HC595=0;
}

void delay(uint time)
{
    uint a,b;
    for(a=0;a<=time;a++)
        for(b=0;b<=500;b++);
}
```

项目三

基于定时器的精确定时应用

【项目导入】

51 单片机如要实现精确定时，必须借助内部的硬件定时/计数器模块。定时/计数器是单片机中重要的功能模块之一，在实际系统中应用极为普遍。51 系列单片机内部有两个 16 位可编程定时/计数器，即定时器 T0 和定时器 T1。它们都具有定时和计数的功能，并有 4 种工作方式可供选择。本项目要引导读者学会使用定时/计数器实现精确定时的方法。

【项目分析】

本项目重点介绍了单片机中定时器的结构、工作原理及工作方式。通过对本项目的学习，能够自行设计并实现可控制 LED 间隔点亮的电路。

【能力目标】

(1) 能够实现不同时间的定时。
(2) 能够设计并实现 LED 间隔点亮控制电路。

【知识目标】

(1) 熟悉定时/计数器的基本结构。
(2) 掌握使用定时/计数器的具体方式。

任务一　10 ms 定时

【知识储备】

一、定时/计数器的基本结构与工作原理

1. 定时/计数器的结构

定时/计数器的基本结构如图 3-1 所示。基本部件是 2 个 16 位寄存器 T0 和 T1，每个都具有 2 个独立的 8 位寄存器(TH0、TL0 和 TH1、TL1)，用于存放定时/计数器的计数初值。TMOD 是定时/计数器的工作方式寄存器，由它确定定时/计数器的工作方式和功能；TCON 是定时/计数器的控制寄存器，用于控制 T0、T1 的启动和停止及设置溢出标志。

2. 定时/计数器的工作原理

定时/计数器 T0 和 T1 的实质是加 1 计数器，即每输入一个脉冲，计数器加 1，当加到计数器全为 1 时，再输入一个脉冲，就使计数器归零，且计数器的溢出使 TCON 中的标志位 TF0 或 TF1 置 1，向 CPU 发出中断请求。只是输入的计数脉冲来源不同，把它们分成定时与计数两种功能。作定时器时，脉冲来自内部时钟振荡器，作计数器时，脉冲来自外部

引脚。

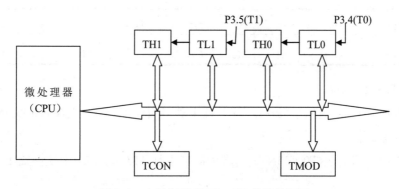

图 3-1　定时/计数器 T0、T1 的结构框图

1) 定时器模式

在作定时器使用时，输入脉冲是由内部振荡器的输出经 12 分频后送来的，所以定时器也可看作是对机器周期的计数器。若晶振频率为 12 MHz，则机器周期是 1μs，定时器每接收一个输入脉冲的时间为 1 μs；若晶振频率为 6 MHz，则一个机器周期是 2μs，定时器每接收一个输入脉冲的时间是 2μs。因此，定时时间的长短，只需计算一下脉冲个数即可。

2) 计数模式

在作计数器使用时，输入脉冲是由外部引脚 P3.4(T0)或 P3.5(T1)输入计数器的。在每个机器周期的 S5P2 期间采样 T0、T1 引脚电平。当某周期采样到一高电平输入，而下一周期又采样到一低电平时，则计数器加 1。由于检测一个从 1 到 0 的下降沿需要两个机器周期，因此要求被采样的电平至少要维持一个机器周期，以保证在给定的电平再次变化之前至少被采样一次，否则会出现漏计数现象，所以最高计数频率为晶振频率的 1/24。当晶振频率为 12 MHz 时，最高计数频率不超过 500 kHz，即计数脉冲的周期要大于 2μs；当晶振频率为 6 MHz 时，最高计数频率不超过 250 kHz，即计数脉冲的周期要大于 4μs。

二、与定时/计数器配置相关的 TMOD、TCON

51 单片机定时/计数器的控制和实现由两个特殊功能寄存器 TMOD 和 TCON 完成。TMOD 用于设置定时/计数器的工作方式；TCON 用于控制定时/计数器的启动和中断申请。

1. 工作方式寄存器 TMOD

TMOD 是一个特殊的专用寄存器，用于设定 T0 和 T1 的工作方式。只能对其进行字节操作，不能位寻址。其格式如表 3-1 所示。

表 3-1　定时器工作方式寄存器 TMOD 工作格式设置表

位	D7	D6	D5	D4	D3	D2	D1	D0	字节地址
TMOD	GATE	C/$\overline{\text{T}}$	M1	M0	GATE	C/$\overline{\text{T}}$	M1	M0	89H

(1) GATE：门控位。

GATE=0 时，只要软件使 TR0 或 TR1 置 1 就可启动定时器，与/INT0 或/INT1 引脚的电平状态没关系。

GATE=1 时，只有/INT0 或/INT1 引脚为高电平且 TR0 或 TR1 由软件置 1 后，才能启动定时器。

(2) C/$\overline{\text{T}}$：定时或计数功能选择位。

C/$\overline{\text{T}}$=0 时，用于定时；C/$\overline{\text{T}}$=1 时，用于计数。

(3) M1 和 M0 位：T1 和 T0 工作方式选择位。

定时/计数器有 4 种工作方式，有 M1M0 进行设置，如表 3-2 所示。

表 3-2　定时/计数器工作方式设置表

M1M0	工作方式	功能选择
00	方式 0	13 位定时/计数器
01	方式 1	16 位定时/计数器
10	方式 2	8 位自动重装初值定时/计数器
11	方式 3	T0 分成 2 个独立的 8 位定时/计数器；T1 此时停止计数

系统复位时，TMOD 所有位清 0，定时/计数器工作在非门控方式 0 状态。

2．控制寄存器 TCON

TCON 既参与中断控制，又参与定时控制。其低 4 位用于控制外部中断，已在前面介绍，高 4 位用于控制定时/计数器的启动和中断申请。其格式如表 3-3 所示。

表 3-3　控制寄存器 TCON 工作格式设置表

位	D7	D6	D5	D4	D3	D2	D1	D0	字节地址
TCON	TF1	TR1	TF0	TR0	IE1	IT1	IE0	IT0	88H
位地址	8FH	8EH	8DH	8CH	8BH	8AH	89H	88H	

(1) TF1 和 TF0：T0 和 T1 的溢出标志位。

当定时/计数器产生计数溢出时，由硬件置 1，向 CPU 发出中断请求。中断响应后，由硬件自动清 0。在查询方式下，这两位作为程序的查询标志位；中断方式下，作为中断请求标志位。

(2) TR1 和 TR0：定时/计数器运行控制位。

TR1(TR0)=0 时，定时/计数器停止工作；TR1(TR0)=1 时，启动定时/计数器工作；TR1 和 TR0 根据需要，由用户通过软件将其清 0 或置 1。

三、定时/计数器的工作方式

80C51 单片机定时/计数器 T0 有 4 种工作方式(方式 0、1、2、3)，T1 有 3 种工作方式(方式 0、1、2)，另外，T1 还可作为串行通信接口的波特率发生器。下面以定时/计数器 T0 为例，对其各种工作方式的计时结构及功能分别作详解。

1. 方式 0

当 TMOD 的 M1M0=00 时，定时/计数器工作于方式 0。如图 3-2 所示，方式 0 是一个 13 位的定时/计数器，16 位的寄存器只用了高 8 位(TH0)和低 5 位(TL0 的 D4～D0 位)，TL0 的高 3 位未用。计数时，TL0 的低 5 位溢出时向 TH0 进位，TH0 溢出时，置位 TCON 中的 TF0，向 CPU 发出中断请求。

GATE 位的状态决定定时/计数器运行控制，取决于 TR0 一个条件及 TR0 和/INT0 引脚两个条件。

(1) GATE=0 时，只要用软件将 TR0 置 1，定时/计数器就开始工作；将 TR0 清 0，定时/计数器停止工作。

(2) GATE=1 时，为门控方式。仅当 TR0 且/INT0 引脚上出现高电平，定时/计数器才开始工作。如果引脚/INT0 上出现低电平，则定时/计数器停止工作。所以，在门控方式下，定时/计数器的启动受外部中断请求的影响，可用来测量/INT0 引脚上出现的正脉冲的宽度。这种情况下计数控制是由 TR0 和/INT0 两个条件控制。

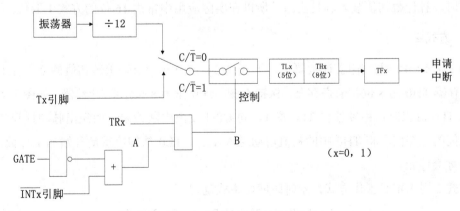

图 3-2　方式 0 时，定时/计数器结构图

2. 方式1

当 M1M0=01 时，定时/计数器工作于方式1。该方式为 16 位定时/计数器，寄存器 TH0 作为高 8 位，TL0 作为低 8 位，计数范围 0000H～FFFFH。内部结构如图 3-3 所示。

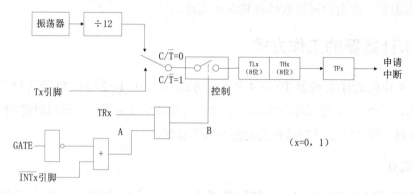

图 3-3 方式 1 时，定时/计数器结构图

方式 1 时，用于定时工作方式，定时时间由下式确定：

$$t = N \times T_{cy} = (2^{16} - X) \times T_{cy} = (65536 - X) \times T_{cy}$$

其中，X 为计数初值，N 为计数个数。从而可计算出计数初值 X：

$$X = 2^{16} - t/T_{cy} = 65536 - t/T_{cy}$$

若晶振频率为 12 MHz，则 T_{cy}=1μs，定时范围为 1μs～65.536 ms。

方式 1 用于计数模式时，计数值由下式确定：

$$N = 2^{16} - X = 65536 - X$$

由上式可知，计数初值 X 范围为 0～65535，计数范围为 1～65536。

方式 1 与方式 0 基本相同，只是方式 1 改用了 16 位计数器。要求定时周期较长时，常用 16 位计数器。13 位定时/计数器是为了与 Intel 公司早期的产品 MCS-48 系列兼容，该系列已过时，且计数初值装入容易出错，所以在实际应用中常由 16 位的方式 1 取代。

3. 方式 2

当 M1M0=10 时，定时/计数器工作于方式 2，该方式为自动重装初值的 8 位定时/计数器，寄存器 TH0 为 8 位初值寄存器，保持不变，TL0 作为 8 位定时/计数器，如图 3-4 所示。

当 TL0 溢出时，由硬件将 TF0 置 1，向 CPU 发出中断请求，而溢出脉冲打开 TH0 和 TL0 之间的三态门，将 TH0 中的初值自动送入 TL0。TL0 从初值重新开始加 1 计数，直至 TR0=0 才会停止。

方式 2 用于定时工作方式，定时时间由下式确定：

$$t = N \times T_{cy} = (2^8 - X) \times T_{cy} = (256 - X) \times T_{cy}$$

其中，X 为计数初值，N 为计数个数。从而可计算出计数初值 X：

$$X=2^8-t/Tcy=256-t/Tcy$$

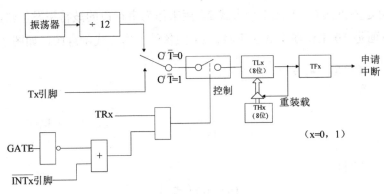

图 3-4 方式 2 时，定时/计数器结构图

若晶振频率为 12 MHz，则 Tcy=1μs，定时范围为 1μs～256μs，定时器初值范围为 0～255。方式 2 用于计数模式时，计数初值由下式确定：

$$X=2^8-N=256-N$$

由上式可知，计数初值 X 范围为 0～255，计数范围为 1～256。

由于工作方式 2 省去了用户软件中重装初值的程序，可以相当精确地确定定时时间。因此，在涉及异步通信的单片机应用系统中，常常使 T1 工作在方式 2，作为波特率发生器。

4．方式 3

当 M1M0=11 时，定时/计数器工作于方式 3。该方式只适用于定时/计数器 T0，此时 T0 分为 2 个独立的 8 位计数器：TH0 和 TL0。TL0 使用 T0 的状态控制位 C/T、GATE、TR0、/INT0，而 TH0 被固定为 1 个 8 位定时器(不能对外部脉冲计数)，并使用定时器 T1 的控制位 TR1 和 TF1，同时占用定时器 T1 的中断请求源 TF1，如图 3-5 所示。

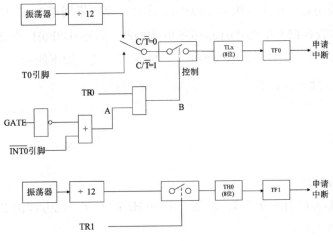

图 3-5 方式 3 时，定时/计数器 T0 的结构示意图

一般来说，当 T1 工作于串行口的波特率发生器时，T0 才工作于方式 3。T0 工作于方式 3 时，T1 可定为方式 0、方式 1 和方式 2，用来作为串行口的波特率发生器，或不需要中断的场合。下面是 T0 工作在方式 3 下时，T1 的各种工作方式示意图，如图 3-6 所示。

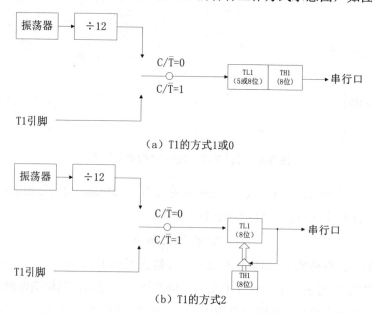

图 3-6 方式 3 时，定时/计数器 T1 的结构示意图

四、定时初值如何确定

方波频率 f=50 Hz，周期 t=1/50 Hz =0.02s。根据题意，只要让定时器计满 0.02s，使 P1.0 输出 0，再计满 0.01s，使 P1.0 输出 1，如此循环往复，即可产生一个从 P1.0 输出的频率为 50Hz 的方波。由此即可按照要求将之转化为 T0 产生 0.02s 定时问题。

参照初值计算方法，由于晶振为 12 MHz，所以一个机器周期 T_{cy} =12×(1/12×10^6)=1μs。计数初值 X=2^{16}-t/Tcy=65536-0.01s/1μs=65536-10000=55536=D8F0H，即应将 D8H 送入 TH0 中，F0H 送入 TL0 中。我们可以用一种更简单的赋值方式，如下所示：

```
TH0=(65536-10000)/256;        /*装入计数初值*/
TL0=(65536-10000)%256;
```

【任务实践】

1) 工作任务描述

利用定时/计数器(T0)的方式 1，产生一个 50 Hz 的方波，此方波由 P1.0 引脚输出，假设晶振频率为 12 MHz。

2) 工作任务分析

该定时问题可以通过两种方式实现：①查询方式——通过查询 T0 的溢出标志 TF0 是否为 1，判断定时时间是否已到。当 TF0=1 时，定时时间到，对 P1.0 进行取反操作。此方法的缺点是，CPU 一直忙于查询工作，占用了 CPU 的有效时间。②中断方式——CPU 正常执行主程序，一旦定时时间到，TF0 将被置 1，向 CPU 申请中断，CPU 响应 T0 的中断请求，去执行中断程序，在中断程序里对 P1.0 进行取反操作，关于定时器中断的应用将在下一个项目中介绍。

3) 工作步骤

(1) 确定定时时间。

(2) 确定定时器的工作方式，计算定时器初值。

(3) 打开集成开发环境，建立一个新的工程。

(4) 编写程序，编译生成目标文件。

(5) 下载调试。

4) 工作任务设计方案及实施

程序示例：

```
#include<reg51.h>
sbit pulse_out=P1^0;                    /*定义脉冲输出位*/
/*主函数*/
main()
{
        TMOD=0x01;                      /* T0 定时方式 1*/
        TH0=0xD8;                       /*装入计数初值*/
        TL0=0xF0;
        TR0=1;                          /*启动定时器 T0*/
while(1)
        {
                if(TF0)                 /*查询 TF0,等待定时时间到*/
                {
                        TF0=0;          /*定时时间到,清 TF0*/
                        TH0=0xD8;       /*重装计数初值*/
                        TL0=0xF0;
                        pulse_out=!pulse_out;   /*脉冲输出位取反*/
                }
        }
}
```

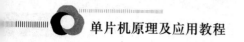

任务二　1s 定时

【知识储备】

一、如何实现 1s 定时

我们知道 51 系列单片机定时器是 16 位定时器，最大计数范围是 0～65535，因此受此限制，单靠一次定时，假设晶振 12 MHz 的前提下，采用工作方式 1，最大定时时间只能达到 65.536 ms。所以，实现长时间定时的唯一方法就是重复地使用定时器，累加定时时间。任务二中，为方便累加，设定单次定时时间为 50 ms，然后设定 time 变量来存储累加数，每一次 50 ms 定时时间到时 time 加 1 一次，1s 需要 20 个 50 ms，因此当 time 累加到 20 时，说明 1s 定时时间到，单片机对 P0 口状态取反，控制小灯 1s 闪烁。通过这种办法可以随意地设置想要的定时时间，而不会受定时器本身结构的影响。

二、蜂鸣器的基础知识

蜂鸣器是一种一体化结构的电子发声器件，采用直流供电，广泛应用于各类电子产品中作发声报警器件。

1. 按结构分类

主要分为压电式蜂鸣器和电磁式蜂鸣器两种类型。

1) 压电式蜂鸣器

压电式蜂鸣器主要由多谐振荡器、压电蜂鸣片、阻抗匹配器及共鸣箱、外壳等组成。多谐振荡器由晶体管或集成电路构成。当接通电源后(1.5～15V 直流工作电压)，多谐振荡器起振，输出 1.5～2.5kHz 的音频信号，阻抗匹配器推动压电蜂鸣片发声。

2) 电磁式蜂鸣器

电磁式蜂鸣器由振荡器、电磁线圈、磁铁、振动膜片及外壳等组成。接通电源后，振荡器产生的音频信号电流通过电磁线圈，使电磁线圈产生磁场。振动膜片在电磁线圈和磁铁的相互作用下，周期性地振动发声。

2. 按工作方式分类

主要分为有源蜂鸣器和无源蜂鸣器。这里的"源"是指震荡源。有源蜂鸣器内部带震荡源，所以只要一通电就会叫；而无源蜂鸣器内部不带震荡源，如果用直流信号无法令其鸣叫，须接音频电路。

可以用万用表电阻挡 R×1 挡测试：用黑表笔接蜂鸣器"-"引脚，红表笔在另一引脚上

项目三 基于定时器的精确定时应用

来回碰触，如果触发出咔、咔声且电阻只有 8Ω(或 16Ω)的是无源蜂鸣器；如果能发出持续声音的，且电阻在几百欧以上的，是有源蜂鸣器。本书中电路使用的是有源蜂鸣器。

3．单片机驱动蜂鸣器的方式

单片机常用的驱动方式主要有 PWM 脉冲输出控制和 I/O 口定时反转电平驱动方式。本任务中使用 I/O 口定时反转电平驱动方式。这种方式设置简单，但需要定时器来配合，只需要按照题目要求蜂鸣器的发声频率，计算出定时器的定时时间即可。任务中要求蜂鸣器以 20 Hz 的频率发声，换算成周期也就是 0.05s，即 50 ms，即每隔 50 ms I/O 口电平反转一次。

【任务实践】

1) 工作任务描述

利用定时器方式 1，小灯以 1s 闪亮，亮时，蜂鸣器以 20Hz 的频率鸣叫。

2) 工作任务分析

无论是 1s 定时，还是更长时间的定时，其与任务一的区别在于定时时间超出了定时器的最大定时时间 65.536 ms(假设振荡频率为 12 MHz)，对于这种超出定时器最大定时时间的定时，只能通过累加计算的方式实现。

3) 工作步骤

(1) 确定定时时间以及定时器的工作方式，计算定时器初值。

(2) 设计驱动 LED 小灯和蜂鸣器的电路原理图。

(3) 打开集成开发环境，建立一个新的工程。

(4) 编写程序，编译生成目标文件。

(5) 下载调试。

4) 工作任务设计方案及实施

如图 3-7 所示，8 个 LED 灯分别接 P0 口的 8 根引脚。如图 3-8 所示，蜂鸣器一端接 V_{CC}，另一端接三极管提高驱动能力，控制脚接单片机的 P15，当该管脚接低电平时，蜂鸣器鸣叫。

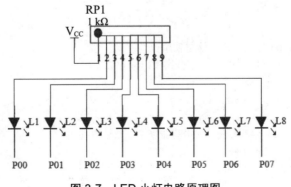

图 3-7 LED 小灯电路原理图

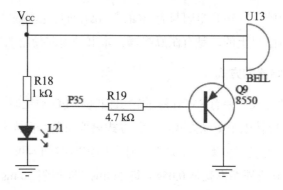

图 3-8 蜂鸣器电路图

程序示例：

```
#include <REGX51.H>

#define uchar unsigned char
#define uint unsigned int
#define led P0

sbit bee=P3^5;//蜂鸣器控制端口

//定时器初始化程序
void Init(uint fre)
{
        TMOD=0x01;//设置工作方式1
        TH0=(65536-fre)/256;//设置计数初值
        TL0=(65536-fre)%256;
}

void main()
{
        uchar time=0;
        Init(5000);//初始化定时器定时时间为50 ms
        while(1)
        {
                TR0=1;
                EA=0;//关中断，这里使用查询方式
                while(1==TF0)   //查询溢出标志位
                {
                        Init(5000);
                        TF0=0;
                        bee=~bee;//蜂鸣器以20Hz频率鸣叫
                        time++;
                        if(time==20)//1s定时时间到
                        {
```

```
            time=0;
            led=~led;//led每隔1s,取反一次
            }
        }
    }
}
```

项目四

多功能数字钟的设计

【项目导入】

多功能数字钟涉及数码管显示、定时器定时、定时器中断及按键等知识的综合应用。本项目将分解成几个任务，引导读者学会使用定时器中断。

【项目分析】

本项目重点介绍了中断执行的过程，EA、ET0 标志位及其功能。如何让定时器在中断方式下实现 10 ms 及 1s 定时，并利用这些知识来设计实现多功能数字钟。

【能力目标】

(1) 能够分解项目，并通过分解任务完成对新知识点的学习。
(2) 能够设计数字钟电路的原理图。
(3) 能够编写数字钟电路控制程序，并调试通过。

【知识目标】

(1) 理解中断的概念。
(2) 掌握定时器中断的应用方式。
(3) 能够完成多功能数字钟的基本功能，设计电路原理图。

任务一 定时器中断方式下实现 10ms 定时

【知识储备】

一、中断执行的过程

在计算机中，由于计算机内、外部的原因、软、硬件的原因，CPU 暂停当前的工作，转到需要处理的中断源服务程序的入口(中断响应)，一般在入口处执行跳转指令转去处理中断事件(中断服务)；执行完中断服务后，再回到原来程序被中断处继续处理执行程序(中断返回)，这个过程称为中断，如图 4-1 所示。

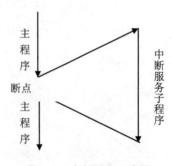

图 4-1 中断过程示意图

实现中断功能的软件和硬件统称为"中断系统"。能向 CPU 发出请求的事件称为"中断源"。中断源向 CPU 提出的处理请求称为"中断请求"或"中断申请"。CPU 暂停自身事务转去处理中断请求的过程,称为"中断响应";对事件的整个处理过程称为"中断服务"或"中断处理";处理完毕后回到原来被中断处,称为"中断返回"。若有多个中断源同时发出中断请求时,或 CPU 正在处理某中断请求时,又有另一事件发出中断申请,则CPU 根据中断源的紧急程度将其进行排序,然后按优先顺序处理中断源的请求。

二、EA、ET0 是什么

从程序中看到,EA、ET0 的作用就像两个开关,一个负责总开关、一个单独负责定时器 T0 的中断开关,这里介绍一个特殊功能寄存器。51 系列单片机中,开中断与关中断是由中断允许控制寄存器 IE 控制的,对 IE 可进行字节寻址和位寻址,其格式如表 4-1 所示。

表 4-1 寄存器 IE 位定义

位	D7	D6	D5	D4	D3	D2	D1	0	字节地址
IE	EA	—	—	ES	ET1	EX1	ET0	X0	A8H
位地址	AFH	AEH	ADH	ACH	ABH	AAH	A9H	8H	

(1) EA:中断允许总控制位。

EA=0,CPU 关总中断,屏蔽所有中断请求。

EA=1,CPU 开总中断,这时只要各中断源中断允许未被屏蔽,当中断到来时,就有可能得到响应。

(2) ES:串行口中断允许控制位。

ES=0,禁止串行口中断;ES=1,允许串行口中断。

(3) ET1 和 ET0:定时器 1 和定时器 0 中断允许控制位。

ET1(ET0)=0,禁止定时/计数器 T1 或 T0 中断。

ET1(ET0)=1,允许定时/计数器 T1 或 T0 中断。

(4) EX1 和 EX0:外部中断 1 和外部中断 0 的中断允许控制位。

EX1(EX0)=0,禁止/INT0(/INT1)外部中断。

EX1(EX0)=1,允许/INT0(/INT1)外部中断。

单片机复位后(IE=00H),所有中断处于禁止状态。若允许某一个中断源中断,除了开放总中断(置位 EA)外,必须同时开放该中断源的中断允许位。可见,51 单片机通过中断允许控制寄存器对中断的允许实行两级控制。

三、51 单片机的中断源

包括任务中涉及的定时器中断，51 单片机共有 5 个中断源：外部中断 0、外部中断 1、定时/计数器中断 0、定时/计数器中断 1、串行口中断。每个中断源对应一个固定的中断入口地址。当某中断源的中断请求被 CPU 响应之后，CPU 从中断入口处获取中断服务程序的入口地址，进入相应的中断服务程序。各中断源入口地址及优先级如表 4-2 所示，51 中断系统结构示意图如图 4-2 所示。

表 4-2　中断源的入口地址及优先次序

中 断 源	请求标志	入口地址	中 断 号	优 先 级
外部中断 0	IE0	0003H	0	最高级
定时器中断 0	TF0	000BH	1	↓
外部中断 1	IE1	0013H	2	↓
定时器中断 1	TF1	001BH	3	↓
串行口发送/接受中断	TI/RI	002BH	4	最低级

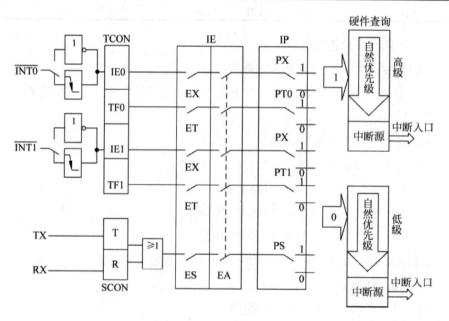

图 4-2　中断系统结构示意图

四、中断服务子程序的"声明"

从任务一的程序示例中可以看到，中断服务子程序和普通的子程序调用是有区别的。或者说中断子程序根本就不需要声明和调用，中断子程序的运行采用一种硬件机制。在本书的项目一任务二中,已经简单介绍了中断子程序的执行,这里只需要明确中断子程序的"声明"方式。

如果使用汇编语言,那么需要明确各中断子程序入口地址,在中断入口处执行一条长调用指令,如下所示:

```
ORG     0013H
        LJMP    INT1_INT                ;跳转至 INT1 中断服务程序
```

如果使用 C 语言,那么只需要对应相关的中断号,中断子程序的声明,如下所示:

```
void int1_int () interrupt 2 using 0
```

这里 interrupt 关键字后面的数字 2 即对应的中断号,C51 中 5 个中断源对应的中断号如表 4-2 所示,using n 表示选用第 n 组通用寄存器,这里可以省略。

【任务实践】

1) 工作任务描述

利用定时/计数器(T0)的方式 1,产生一个 50 Hz 的方波,此方波由 P1.0 引脚输出,假设晶振频率为 12 MHz。

2) 工作任务分析

我们还应该记得项目三中任务一任务实践,为了及时获知定时器是否溢出,必须不厌其烦地去查询 T0 的溢出标志位 TF0,看看 TF0 是否为 1,确定 TF0 为 1 之后,CPU 才能确定定时时间到了,这从一定程度上降低了 CPU 的工作效率。解决这个问题可以使用中断的方式。

3) 工作步骤

(1) 确定定时时间。

(2) 确定定时器的工作方式,计算定时器初值。

(3) 打开集成开发环境,建立一个新的工程。

(4) 编写程序,编译生成目标文件。

(5) 下载调试。

4) 工作任务设计方案及实施

程序示例:

```
#include<reg51.h>
sbit    pulse_out=P1^0;                 /*定义脉冲输出位*/
/*中断服务程序*/
void    T0_int() interrupt 1
{
```

```
        TH0=0xD8;                          /*重装计数初值*/
        TL0=0xF0;
        pulse_out=!pulse_out;              /*脉冲输出位取反*/
}
/*主程序*/
main()
{
        TMOD=0x01;                         /* T0 定时方式 1*/
        TH0=0xD8;                          /*装入计数初值*/
        TL0=0xF0;
        ET0=1;                             /*T0 开中断*/
        EA=1;                              /*开总中断*/
        TR0=1;                             /*启动定时器 T0*/
        while(1);                          /*等待中断*/
}
```

任务二　定时器中断方式下实现 1s 定时

【知识储备】

定时/计数器控制寄存器 TCON(88H)

我们已经不止一次地提到定时器的溢出标志位 TF0、TF1，其实定时器的溢出标志位就是定时器的中断标志位。并且在中断的方式下，当定时器计数溢出时，便会由硬件置位 TF0 或 TF1，向 CPU 申请中断，CPU 响应了定时器的中断请求后，TF0 或者 TF1 会由硬件自动清零。因此中断方式下我们既不需要查询标志位 TF0 或 TF1 的状态，也不需要清 TF0 或 TF1。

51 单片机的 5 个中断源，每一个都有中断标志位，在这里一并介绍一下。51 单片机的中断标志位分布在以下两个特殊功能寄存器中，它们分别是定时/计数器控制寄存器 TCON、串行口控制寄存器 SCON，先介绍 TCON 中的几个中断标志位。

TCON 是定时/计数器控制寄存器，它锁存 2 个定时/计数器的溢出中断标志及外部中断 /INT0 和/INT1 的中断标志，对 TCON 可进行字节寻址和位寻址。与中断有关的各位定义如表 4-3 所示。

表 4-3　寄存器 TCON 中与定时/计数器中断相关位定义

位	D7	D6	D5	D4	D3	D2	D1	0	字节地址
TCON	TF1	TR1	TF0	TR0					88H
位地址	8FH	8EH	8DH	8CH					

(1) TR0：定时/计数器 T0 的启动停止位。

(2) TF0：定时/计数器 T0 溢出中断请求标志位。

启动 T0 后，定时/计数器 T0 从初值开始加 1 计数，当最高位产生溢出时，由硬件将 TF0 置 1，向 CPU 申请中断，CPU 响应 TF0 中断时，TF0 由硬件清 0。

(3) TR1：定时/计数器 T1 的启动停止位。

(4) TF1：定时/计数器 T1 溢出中断请求标志位。其操作功能与 TF0 类似。

当单片机复位后，TCON 被清 0，则 CPU 中断被关闭，所有中断请求被禁止。

【任务实践】

1) 工作任务描述

利用定时器方式 1，小灯以 1s 闪亮，亮时，蜂鸣器以 20 Hz 的频率鸣叫。

2) 工作任务分析

1s 的定时方式我们已经掌握，但如果配合中断键会更加容易实现。

3) 工作步骤

(1) 确定定时时间以及定时器的工作方式，计算定时器初值。

(2) 设计驱动 LED 小灯和蜂鸣器的电路原理图。

(3) 打开集成开发环境，建立一个新的工程。

(4) 编写程序，编译生成目标文件。

(5) 下载调试。

4) 工作任务设计方案及实施

程序示例：

```
#include <REGX51.H>

#define uchar unsigned char
#define uint unsigned int
#define led P0

sbit bee=P3^5;//蜂鸣器控制端口
uchar time=0;
void main()
{
        TMOD=0x01;//设置工作方式1
        TH0=(65536-fre)/256;//设置计数初值,初始化定时器定时时间为50 ms
        TL0=(65536-fre)%256;
        TR0=1;//开定时器
        EA=1;//开总中断
```

```
            ET0=1;//开定时器中断
            while(1); //等待定时器溢出中断
}
void timer0( ) interrupt 1 //定时器T0中断子程序
{
            bee=~bee;//蜂鸣器以20Hz频率鸣叫
            time++;
            if(time==20)//1s定时时间到
            {
                time=0;
                led=~led;//led每隔1s,取反一次
            }
}
```

任务三 多功能数字钟的实现

【任务实践】

1) 工作任务描述

工作任务基本要求如下。

(1) 利用数码管显示时、分、秒。

(2) 可以设定时间,具有闹铃功能。

(3) 具备整点报时功能,但可以人为打开或关闭。

系统时间开始默认为 12:00:00(24 小时制),整点报时功能默认为打开,闹钟默认为 00:00:00。按下按键 1,小时加 1;按下按键 2,分钟加 1;按下按键 3,设置闹钟;当闹铃响时,此时按下按键 4,则会关闭响铃。按键 4 控制整点报时的开关。

2) 工作任务分析

前面练习过数码管的显示、定时器的 1s 定时、独立按键的使用以及蜂鸣器的控制。相近功能的任务还包括 00—99 计数器设计,结合以上任务,我们就不难实现本任务。

3) 工作步骤

(1) 确定数字钟的基本功能。

(2) 确定数字钟要使用的硬件资源,设计硬件电路图。

(3) 打开集成开发环境,建立一个新的工程。

(4) 编写程序,编译生成目标文件。

(5) 下载调试。

4) 工作任务设计方案及实施

程序示例:

/***
名称：多功能数字钟
***/
```c
#include <reg52.h>        //包含头文件
#include <intrins.h>

#define uchar unsigned char
#define uint unsigned int
//74HC595与单片机连接口
sbit SCK_HC595=P2^7;         //595移位时钟信号输入端(11)
sbit RCK_HC595=P2^6;         //595锁存信号输入端(12)
sbit OUTDA_HC595=P2^5;       //595数据信号输入端(14)
//定义按键
sbit KEY1=P1^5;      //时调整
sbit KEY2=P1^6;      //分调整
sbit KEY3=P1^7;      //闹钟调整
sbit KEY4=P3^3;      //整点报时开关
//定义P0口
sbit P00=P0^0;
sbit P01=P0^1;
sbit P02=P0^2;
sbit P03=P0^3;
sbit P04=P0^4;
sbit P05=P0^5;
sbit P06=P0^6;
sbit P07=P0^7;
//定义蜂鸣器
sbit alarm=P3^5;

//定义时钟缓冲器设定初始时间为12-00-00,时-分-秒
set_time[3]={0x0c,0x00,0x00};

//共阴极数码管显示代码
uchar code led_7seg[10]={0x3F,0x06,0x5B,0x4F,0x66,  //0 1 2 3 4
                         0x6D,0x7D,0x07,0x7F,0x6F}; //5 6 7 8 9

uchar t=0,KEY3_flag=0,KEY4_flag,baoshi_flag=0;
uchar alarm_sec=0,alarm_min=0,alarm_hou=0,alarm_flag=0,alarmoff=0;

void delayms(uint dec)   //延时子函数
{
 uchar j;
 for(;dec>0;dec--)
    for(j=0;j<125;j++) { ; }
```

}
//##
```c
void time0_init()//定时器0初始化
{
    TMOD=0X01;          //定时器0方式1
    TH0=0X3C;           //定时器赋初值
    TL0=0XB0;
    EA=1;               //开总中断
    ET0=1;              //开定时器0中断
    TR0=1;              //启动定时器0
}
```
//##
```c
void update_clock()                    //数据更新子函数
{
    set_time[2]++;                     //秒加1
    if(set_time[2]==0x3c)
    {
        set_time[2]=0;
        set_time[1]++;                 //分加1
        if(set_time[1]==0x3c)
        {
            set_time[1]=0;
            set_time[0]++;             //时加1
            if(set_time[0]==0x18)
            set_time[0]=0;
        }
    }
}
```
//##
```c
void scankey()//扫描按键子函数
{
    if(!KEY1)           //有按键按下
    {
        delayms(5);  //消除按键抖动
        while(!KEY1);
        if(alarm_flag==1)                          //闹钟调整
        {
            alarm_hou++;
            if(alarm_hou==0x18) alarm_hou=0;
        }
        else                                        //时钟调整
        {
            set_time[0]++;
            if(set_time[0]==0x18) set_time[0]=0;
```

项目四 多功能数字钟的设计

```c
        }
    if(!KEY2)              //有按键按下
    {
        delayms(5);    //消除按键抖动
        while(!KEY2);
        if(alarm_flag==1)                              //闹钟调整
        {
            alarm_min++;
            if(alarm_min==0x3c) alarm_min=0;
        }
        else                                           //时钟调整
        {
            set_time[1]++;
            if(set_time[1]==0x3c) set_time[1]=0;
        }
    }
    if(!KEY3)              //有按键按下
    {
        delayms(5);    //消除按键抖动
        while(!KEY3);
        KEY3_flag++;
        if(KEY3_flag==2) KEY3_flag=0;
        if(KEY3_flag%2==1) alarm_flag=1;
        else alarm_flag=0;
    }
    if(!KEY4)              //有按键按下                //整点报时开关
    {
        delayms(5);    //消除按键抖动
        while(!KEY4);
        KEY4_flag++;
        alarmoff=1;
        if(KEY4_flag==2) KEY4_flag=0;
        if(KEY4_flag%2==1) baoshi_flag=1;
        else baoshi_flag=0;
    }
}
//########################################################
void write_HC595(uchar wrdat)   //向595发送1个字节的数据
{
    uchar i;
    SCK_HC595=0;
    RCK_HC595=0;
    for(i=8;i>0;i--)                  //循环8次，写一个字节
```

```
        {
            OUTDA_HC595=wrdat&0x80;//发送BIT0 位
            wrdat<<=1;               //要发送的数据右移,准备发送下一位
            SCK_HC595=0;
            SCK_HC595=1;             //移位时钟上升沿
            SCK_HC595=0;
        }
    RCK_HC595=0;                     //上升沿将数据送到输出锁存器
    RCK_HC595=1;
    RCK_HC595=0;
}
//#######################################################
void display_led_clock()    //显示子函数
{
    uchar temp,seg;
    if(alarm_flag==1)
    temp=alarm_hou/10;
    else
    temp=set_time[0]/10;
    seg=led_7seg[temp]; //取段码
    write_HC595(seg);
    P00=0;                   //选通时-十位
    delayms(5);              //延时 5 ms
    P00=1;

    if(alarm_flag==1)
    temp=alarm_hou%10;
    else
    temp=set_time[0]%10;
    seg=led_7seg[temp]; //取段码
    write_HC595(seg);
    P01=0;                   //选通时-个位
    delayms(5);              //延时 5 ms
    P01=1;

    write_HC595(0x40);
    P02=0;
    delayms(5);
    P02=1;

    if(alarm_flag==1)
    temp=alarm_min/10;
    else
    temp=set_time[1]/10;
```

```c
        seg=led_7seg[temp]; //取段码
        write_HC595(seg);
        P03=0;                  //选通分-十位
        delayms(5);             //延时 5 ms
        P03=1;

        if(alarm_flag==1)
        temp=alarm_min%10;
        else
        temp=set_time[1]%10;
        seg=led_7seg[temp]; //取段码
        write_HC595(seg);
        P04=0;                  //选通分-个位
        delayms(5);             //延时 5 ms
        P04=1;

        write_HC595(0x40);
        P05=0;
        delayms(5);
        P05=1;

        if(alarm_flag==1)
        temp=0;
        else
        temp=set_time[2]/10;
        seg=led_7seg[temp]; //取段码
        write_HC595(seg);
        P06=0;                  //选通秒-十位
        delayms(5);             //延时 5 ms
        P06=1;

        if(alarm_flag==1)
        temp=0;
        else
        temp=set_time[2]%10;
        seg=led_7seg[temp]; //取段码
        write_HC595(seg);
        P07=0;                  //选通秒-个位
        delayms(5);             //延时 5 ms
        P07=1;
}
//####################################################
void alarm_ring()//闹钟子函数
{
```

```c
    uchar i;
    if(set_time[0]==0&&set_time[1]==0&&set_time[2]==0)

    {
        alarmoff=0;
    }
    if(alarm_hou==set_time[0]&&alarm_min==set_time[1]&&alarm_sec==set_time[2])
    //闹钟判断
    {
        for(i=1000;i>0;i--)
        {
            scankey();
            display_led_clock();
            if(alarmoff==0)
            {
                alarm=0;
                delayms(20);
                alarm=1;
                delayms(20);
            }
        }
    }
    if(set_time[1]==0&&set_time[2]==0&&baoshi_flag==0)   //整点判断

    {
        for(i=5;i>0;i--)
        {
            scankey();
            display_led_clock();
            alarm=0;
            delayms(20);
            alarm=1;
            delayms(20);
        }
    }
}
//##########################################################
void main()//主函数
{
    time0_init();      //调用定时器 0 初始化子函数
    while(1)
    {
        scankey();
        display_led_clock();
```

```
            alarm_ring();
    }
}
//#########################################################
void timer0() interrupt 1 using  1//定时器0服务子函数
{
    TF0=0;
    TH0=0X3C;          //定时器重新赋初值
    TL0=0XB0;
    t++;
    if(t>=20)
    {
        t=0;
        update_clock(); //调用数据更新子函数
    }
}
```

项目五

蜂鸣器的发声

【项目导入】

蜂鸣器在各种声音报警系统中应用比较广泛，但是蜂鸣器除了可以作为报警器以外，能否作为一种特殊的发音装置，发出美妙的音乐呢？答案是肯定的，本项目由浅入深详细介绍了蜂鸣器的发声控制。

【项目分析】

本项目自行设计了蜂鸣器硬件电路原理图，任务由简单到复杂，最终利用定时器中断0来控制节拍，用自行编写的Play_song()函数来控制音调，将程序下载至开发板进行调试，完成了蜂鸣器演奏音乐的功能。

【能力目标】

(1) 能够熟练使用定时器中断和外部中断编写控制程序。
(2) 能够根据蜂鸣器控制任务要求设计硬件电路原理图。
(3) 能够将编写的蜂鸣器控制程序下载至开发板，并调试成功。

【知识目标】

(1) 掌握定时器中断和外部中断的概念。
(2) 掌握外部中断的触发方式。
(3) 掌握中断嵌套的概念、中断优先级的原则以及中断处理的具体过程。
(4) 掌握蜂鸣器播放音乐的基本原理。

任务一 蜂鸣器简单发声控制

【知识储备】

一、什么是外部中断

外部中断说白了就是中断申请的信号来自单片机的外部，51单片机有两个外部中断源，即外部中断0和外部中断1。它们的中断信号分别由引脚/INT0(P3.2)和/INT1(P3.3)输入。中断请求标志为IE0和IE1(定时/计数器控制寄存器TCON的D1位和D3位)。相对于外部中断而言，51单片机还有两个内部中断源，即定时器中断和串行口中断。

(1) 定时器中断是由内部定时器计数产生计数溢出所引起的中断，属于内部中断。当计数溢出时即表明定时/计数器已满，产生中断请求。定时/计数器中断包括定时/计数器T0溢出中断和定时/计数器T1溢出中断。中断请求标志位为TF0和TF1(TCON的D5位和D7位)。

(2) 串行口中断为满足串行数据传送的需要而设置，属于内部中断，每当串行口接收或发送完一帧数据时，就产生一个中断请求。中断标志为 TI 或 RI(分别为串行口控制寄存器 SCON 的 D1 和 D0 位)，将在串行通信一章中做详细介绍。

二、外部中断的触发

外部中断源如何触发中断，即外部设备通过一种什么形式的信号来通知外部中断源，这就是所谓的触发方式。外部中断请求有两种触发方式：电平触发和边沿脉冲触发。

1．电平触发方式

电平触发是低电平有效。只要单片机在中断请求输入端(/INT0 或/INT1)上采样到有效的低电平时，就激活外部中断。此时，中断标志位的状态随 CPU 在每个机器周期采样到的外部中断输入引脚的电平变化而变化，这样提高了 CPU 对外部中断请求的响应速度。但外部中断若有请求必须把有效的低电平保持到请求获得响应为止，不然就会漏掉。而在中断服务程序结束之前，中断源又必须撤销其有效的低电平，否则中断返回主程序后会再次产生中断。所以电平触发方式适合于外部中断以低电平输入且中断服务程序能清除外部中断请求源的情况。

2．边沿脉冲触发方式

边沿脉冲触发则是脉冲的下降沿有效。该方式下，CPU 在每个机器周期的 S5P2 期间对引脚/INT0 或/INT1 输入的电平进行采样。若 CPU 第一个机器周期采样到高电平，在另一个机器周期内采样到低电平，即在两次采样期间产生了先高后低的负跳变时，则认为中断请求有效。因此，在这种中断请求信号方式下，中断请求信号的高电平状态和低电平状态都应至少维持一个机器周期，以确保电平变化能被单片机采样到。边沿触发方式适合于以负脉冲形式输入的外部中断请求。

如何选择外部中断的触发方式，如表 5-1 所示。

表 5-1　寄存器 TCON 中与外部中断相关位定义

位	D7	D6	D5	D4	D3	D2	D1	D0	字节地址
TCON					IE1	IT1	IE0	IT0	88H
位地址					8BH	8AH	89H	88H	

(1) IT0：外部中断 0 触发方式控制位。

IT0=0，为电平触发方式(低电平有效)。

IT0=1，为边沿触发方式(下降沿有效)。

(2) IE0：外部中断 0 中断请求标志位。当 IE0=1 时，表示/INT0 向 CPU 请求中断。

(3) IT1：外部中断 1 触发方式控制位。其操作功能与 IT0 类似。

(4) IE1：外部中断 1 中断请求标志位。当 IE1=1 时，表示/INT1 向 CPU 请求中断。

三、什么是中断的嵌套

当 CPU 正在处理某一中断源的请求时，若有优先级比它高的中断源发出中断申请，则 CPU 暂停正在进行的中断服务程序，并保留这个程序的断点；在高级的中断处理完毕后，再回到原被中断的源程序执行中断服务程序，此过程称为"中断嵌套"，如图 5-1 所示。

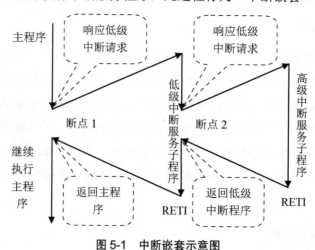

图 5-1　中断嵌套示意图

【任务实践】

1) 工作任务描述

要求单片机上电 1s 后，蜂鸣器开始鸣叫，然后按外部中断按键，触发外部中断使蜂鸣器停止发声一段时间后再发声。

2) 工作任务分析

单片机上电后启动定时器定时 1s，定时时间到，进入定时器中断程序，打开蜂鸣器，并停留在中断程序中，等待外部中断触发，在外部中断中将蜂鸣器关闭一段时间后再打开。

3) 工作步骤

(1) 设计硬件电路原理图。

(2) 打开集成开发环境，建立一个新的工程。

(3) 编写程序，编译生成目标文件。

(4) 下载调试。

4) 工作任务设计方案及实施

电路图如图 5-2、图 5-3 所示，其中 KEY4 为外部中断触发按键。

项目五　蜂鸣器的发声

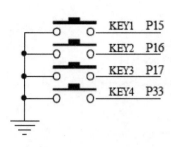

图 5-2　按键电路

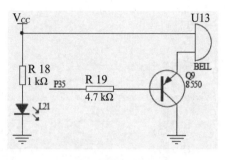

图 5-3　蜂鸣器电路

程序示例：

```
#include <REGX51.H>            //51 头文件
#define uchar unsigned char    //宏定义常用数据类型关键字
#define uint unsigned int
void delay();                  //声明延时子程序
sbit key4=P3^3;                //外部中断按键
sbit bee=P3^5;                 //蜂鸣器
uchar num;
/*在主程序中完成对各相关寄存器的配置,等待中断到来*/
void main()
{
    TMOD=0x01;                 //设置定时器 T0,工作方式 1
    TH0=(65536-50000)/256;     //设置 50 ms 定时初值
    TL0=(65536-50000)%256;
    EA=1;                      //开总中断允许位
    ET0=1;                     //开定时器 T0 中断允许位
    EX1=1;                     //开外部中断 1 中断允许位
    PT0=0;                     //设置定时器 T0 的中断优先级为低
    PX1=1;                     //设置外部中断 1 的中断优先级为高
    TR0=1;                     //启动定时器
    IT1=0;                     //外部中断电平触发
    while(1);                  //等待
}

void Timer0() interrupt 1      //定时器 T0 中断服务子程序
{
    TH0=(65536-50000)/256;     //重新赋初值
    TL0=(65536-50000)%256;
    num++;
    if (num==20)               //1s 时间到,蜂鸣器开始鸣叫
    {
        num=0;
        while(1)
        {
```

```
            bee=0;
        }
    }
}
void int1() interrupt 2        //外部中断1服务子程序
{
    bee=1;                     //关闭蜂鸣器
    TR0=0;                     //关闭定时器
    delay();                   //延时一段时间
}
void delay()                   //延时子程序
{
    uint i,ii;
    for(i=0;i<=1000;i++)
      for(ii=0;ii<=1000;ii++);
}
```

任务二 蜂鸣器的多种频率发声控制

【知识储备】

一、中断的优先级控制

说得更直接些,之所以有中断的嵌套,就是因为一个优先级更高的事件打断了一个优先级相对低的事件,那么 51 单片机的优先级是怎么样的,它们又是如何控制的?

1. 中断优先级控制寄存器 IP(B8H)

51 单片机的优先级一共只有两级,即高优先级和低优先级,任何一个中断源都可以设置为高优先级和低优先级,可以通过中断优先级控制寄存器 IP 来设置。对 IP 可进行字节寻址和位寻址,其格式如表 5-2 所示。

表 5-2 寄存器 IP 位定义

位	D7	D6	D5	D4	D3	D2	D1	D0	字节地址
IP	—	—	—	PS	PT1	PX1	PT0	PX0	B8H
位地址	BFH	BEH	BDH	BCH	BBH	BAH	B9H	B8H	

(1) PS:串行口中断优先级控制位。

PS=0,设置串行口中断为低优先级。

PS=1,设置串行口中断为高优先级。

(2) PT1(PT0)：定时/计数器 T1(T0)中断优先级控制位。

PT1(PT0)=0，设置定时/计数器 T1(T0)为低优先级。

PT1(PT0)=1，设置定时/计数器 T1(T0)为高优先级。

(3) PX1(PX0)：/INT0(/INT1)中断优先级控制位。

PX1(PX0)=0，设置外部中断 1(外部中断 0)为低优先级。

PX1(PX0)=1，设置外部中断 1(外部中断 0)为高优先级。

系统复位后，IP 各位为 0，所有中断源设置为低优先级，通过更新 IP 的内容，就可以很容易地改变各中断源的中断优先级。

2．单片机的中断优先级有 3 条原则

(1) CPU 同时接收到几个中断时，首先响应优先级别最高的中断请求。

(2) 正在进行的中断过程不能被新的同级或低优先级的中断请求所中断。

(3) 正在进行的低优先级中断服务，能被高优先级中断请求所中断。

为了实现(2)、(3)两条原则，中断系统内部设有两个用户不能寻址的优先级状态触发器。其中一个置 1 时表示正在响应高优先级的中断，它将阻断后来所有的中断请求；另一个置 1 时表示正在响应低优先级中断，它将阻断后来所有的低优先级中断请求。

总结：采用中断工作方式时，要从以下几个方面对中断进行控制和管理。

(1) CPU 开中断和关中断。

(2) 某个中断源中断请求的允许与屏蔽。

(3) 各中断优先级别的设置。

(4) 外部中断请求的触发方式。

二、中断的处理过程

中断处理过程分为 4 个阶段：中断请求→中断响应→中断服务→中断返回。其中，中断请求和中断响应是由中断系统硬件自动完成的。

1．中断响应的条件

CPU 中断响应的条件如下。

(1) 中断源有中断请求；

(2) 此中断的中断允许位为 1；

(3) CPU 开总中断。

同时满足这 3 个条件时，CPU 才有可能响应中断。

CPU 执行程序过程中，在每个机器周期的 S5P2 期间，中断系统对各个中断源进行采样。这些采样值在下一个机器周期内按优先级和内部顺序被依次查询。如果某个中断标志在上一个机器周期的 S5P2 时被置成了 1，则它将在现在的查询周期中及时被发现。接着 CPU 便执行一条由中断系统提供的硬件 LCALL 指令，转向被称为中断向量的特定地址单元，进入相应的中断服务程序。

若遇到下列任一条件，硬件将受阻，不能产生 LCALL 指令。

(1) CPU 正在处理同级或高优先级的中断。

(2) 当前查询的机器周期不是所执行指令的最后一个机器周期。即在完成所执行指令前，不会响应中断，从而保证指令在执行过程中不被打断。

(3) 在执行的指令为 RET、RETI 或任何访问 IE 或 IP 的指令。即只有在这些指令后面至少再执行一条指令时才能接收中断请求。

2．中断响应过程

中断响应过程如下。

(1) 将相应的优先级状态触发器置 1(以阻断后来的同级或低级的中断请求)；

(2) 执行一条硬件 LCALL 指令，即把程序计数器 PC 的内容压入堆栈保存，再将相应的中断服务程序的入口地址送入 PC；

(3) 执行中断服务程序。

中断响应过程的前两步是由中断系统内部自动完成的，而中断服务程序则要由用户编写程序来完成。

3．中断返回

中断服务程序的最后一条指令必须是中断返回指令 RETI。RETI 指令能使 CPU 结束中断服务程序的执行，返回到曾经中断过的程序处，继续执行主程序。RETI 指令的具体功能如下。

(1) 将中断响应时压入堆栈保存的断点地址从栈顶弹出送回 PC，CPU 从原来中断处继续执行程序；

(2) 将相应的中断优先级触发器清 0，通知中断系统，中断服务已执行完毕。

应当注意，不能用 RET 指令代替 RETI 指令，因为 RET 指令虽然也能控制 PC 返回到原来中断的地方，但 RET 指令没有清 0 中断优先级触发器的功能，中断控制系统会认为中断仍在进行，其后果是与此同级的中断请求不被响应。所以中断程序结束时必须使用 RETI 指令。

若用户在中断服务程序中进行了入栈操作，则在 RETI 指令执行前应进行相应的出栈操作，使栈顶指针 SP 与保护断点后的值相同，即在中断服务程序中 PUSH 指令与 POP 指令必须成对使用，否则不能正确返回断点。

【任务实践】

1) 工作任务描述

同时用两个定时器控制蜂鸣器发声,定时器 0 控制频率,定时器 1 控制同个频率持续的时间,间隔 2 s 依次输出 1、10、50、100、200、400、800、1000(Hz)的方波,设晶振频率为 12 MHz。

2) 工作任务分析

整个任务需要两个定时器协同工作,定时器 0 控制频率,定时器 1 控制同个频率持续的时间,间隔 2 s 依次输出 1、10、50、100、200、400、800、1000(Hz)的方波。

3) 工作步骤

(1) 设计硬件电路原理图。

(2) 打开集成开发环境,建立一个新的工程。

(3) 编写程序,编译生成目标文件。

(4) 下载调试。

4) 工作任务设计方案及实施

电路图如图 5-2、图 5-3 所示。

程序示例:

```c
#include <REGX51.H>
#define uchar unsigned char
#define uint unsigned int
sbit bee=P3^5;
uchar tflag,tt;
uint fre;
void main()
{
    fre=50000;
    TMOD=0x11;
    TH0=(65536-fre)/256;
    TL0=(65536-fre)%256;
    TH1=(65536-50000)/256;
    TL1=(65536-50000)%256;
    TR0=1;TR1=1;
    EA=1;
    ET0=1;
    ET1=1;
    while(1);
}
```

```c
void Temer0() interrupt 1
{
    TR0=0;
    TH0=(65536-fre)/256;
    TL0=(65536-fre)/256;
    tt++;
    switch(tflag/40)
    {
        case 0:
        if(tt==10)
        {
            tt=0;
            fre=50000;
            bee=~bee;
        }
        break;
        case 1:
            tt=0;
            fre=50000;
            bee=~bee;
            break;
        case 2:
            tt=0;
            fre=10000;
            bee=~bee;
            break;
        case 3:
            tt=0;
            fre=5000;
            bee=~bee;
            break;
        case 4:
        tt=0;
        fre=2500;
        bee=~bee;
        break;
        case 5:
        tt=0;
        fre=1250;
        bee=~bee;
        break;
        case 6:
        tt=0;
        fre=625;
        bee=~bee;
        break;
```

```
            case 7:
                tt=0;
                fre=312;
                bee=~bee;
                break;
            default:
                break;
        }
        TR0=1;
}

void Timer1() interrupt 3
{
    TH1=(65536-50000)/256;
    TL1=(65536-50000)%256;
    tflag++;
    if(tflag==320)
    {
        tflag=0;
        fre=50000;
    }
}
```

任务三 蜂鸣器的音乐演奏发声控制

【知识储备】

蜂鸣器播放音乐的基本原理

单片机演奏一个音符，是通过控制周期性地输出一个特定频率的方波来实现的。这就需要单片机在半个周期内输出低电平、另外半个周期输出高电平，周而复始。我们知道周期为频率的倒数，因此可以通过音符的频率计算出周期。演奏时，根据音符的不同，把对应的半个周期的定时时间初始值送入定时器，再由定时器定时输出高低电平即可。

程序中的数据表中存放了事先算好的各种音符频率所对应的半周期的定时时间初始值。通过这些数据，单片机就可以演奏低音、中音、高音和超高音，四个八度共 28 个音符。演奏乐曲时根据音符的不同数值从表中找到定时时间初始值，送入定时器即可控制音调。

【任务实践】

1) 工作任务描述

通过蜂鸣器演奏一段简单的音乐，设晶振频率为 12 MHz。

2) 工作任务分析

在整个任务中，我们采用自顶向下的设计方法，先写 Play_song()函数，然后在 Play_song()函数中调用 beeping(uchar frequence，uchar length)函数来使蜂鸣器发出不同频率的音调，再加上延时时间的控制，自然形成节拍，有了音调和节拍，自然就可以演奏乐曲了。这里使用定时器中断 0 来控制节拍，音调则由我们编写的延时函数来控制，通过延时来实现发出不同频率的音调。

3) 工作步骤

(1) 设计硬件电路原理图。

(2) 打开集成开发环境，建立一个新的工程。

(3) 编写程序，编译生成目标文件。

(4) 下载调试。

4) 工作任务设计方案及实施

程序示例：

```c
#include <reg52.h>
#include <intrins.h>
#define uchar unsigned char
#define uint unsigned int
sbit beep=P3^5;  //蜂鸣器控制端
//定义全局变量
uchar count=0;
//音符表 uchar code SOUNG[]={
0x26,0x20,0x20,0x20,0x20,0x20,0x26,0x10,0x20,0x10,0x20,0x80,0x26,
0x20,0x30,0x20,0x30,0x20,0x39,0x10,0x30,0x10,0x30,0x80,0x26,0x00,
0x20,0x20,0x20,0x20,0x1c,0x20,0x20,0x80,0x2b,0x20,0x26,0x20,0x20,
0x20,0x2b,0x10,0x26,0x10,0x2b,0x80,0x26,0x20,0x30,0x20,0x30,0x20,
0x39,0x10,0x26,0x10,0x26,0x60,0x40,0x10,0x39,0x10,0x26,0x20,0x30,
0x20,0x30,0x20,0x39,0x10,0x06,0x10,0x26,0x80,0x26,0x20,0x26,0x10,
0x2b,0x10,0x2b,0x20,0x30,0x10,0x39,0x10,0x26,0x10,0x26,0x10,0x26,
0x20,0x2b,0x40,0x40,0x20,0x20,0x10,0x20,0x10,0x2b,0x10,0x26,0x30,
0x30,0x80,0x18,0x20,0x10,0x20,0x26,0x20,0x20,0x20,0x20,0x40,0x26,
0x20,0x2b,0x20,0x30,0x20,0x30,0x20,0x1c,0x20,0x20,0x20,0x20,0x80,
0x1c,0x20,0x1c,0x20,0x1c,0x20,0x30,0x20,0x30,0x60,0x39,0x10,0x30,
0x10,0x20,0x20,0x2b,0x10,0x26,0x10,0x26,0x10,0x26,0x10,0x26,0x10,
0x2b,0x10,0x2b,0x80,0x18,0x20,0x18,0x20,0x26,0x20,0x20,0x20,0x20,
0x60,0x26,0x10,0x2b,0x20,0x30,0x20,0x30,0x20,0x1c,0x20,0x20,0x20,
0x20,0x80,0x26,0x20,0x30,0x10,0x30,0x10,0x30,0x20,0x39,0x20,0x26,
0x10,0x2b,0x10,0x2b,0x20,0x2b,0x40,0x40,0x10,0x40,0x10,0x20,0x10,
0x20,0x10,0x2b,0x10,0x26,0x30,0x30,0x80,0x00,};
void time0() interrupt 1
{
```

```c
 TH0=0xD8;
 TL0=0xEF;
 count++;
}
void delay(uchar x)
{
 uchar i,j;
 for(i=0;i<x;i++)
    for(j=0;j<3;j++) ;
}
//放音子函数
void beeping(uchar frequence,uchar length)
{

 TR0=1;
 while(1)
 {
  beep=~beep;
  delay(frequence);
  if(length==count)
  {
   count=0;
   break;
  }
 }
 TR0=0;
 beep=1;
}
//放音主函数
void Play_song()
{
 uchar temp;
 uint addr=0;
 count=0;
 while(1)
 {
  temp=SOUNG[addr++];
  if(temp==0xff)
  {
   TR0=0;
   delay(100);
  }
  else { if(temp==0x00) return;
         else beeping(temp,SOUNG[addr++]);
       }
 }
```

```
}
//主函数
void main()
{
 TMOD=0x01;
 IE=0x82;
 TH0=0xD8;
 TL0=0xEF;
 while(1)
 {
  Play_song();
 }
}
```

项目六

基于 RS232 的串口通信接口设计

【项目导入】

单片机系统除了要完成对外部设备的控制外，与外围设备或单片机之间以及与上位机之间进行数据交换也是必不可少的，我们把这种情况称为单片机的数据通信。常用的异步串行通信接口有 RS232、485 等，本项目通过对 232 接口的具体应用，引导读者掌握单片机串行通信的应用方法。

【项目分析】

本项目通过配置 51 单片机的串行通信接口，完成将单片机的数据发送到 PC 上；然后利用 PC 的串行调试助手向单片机发送一组数据，看单片机能否正常接收；最后利用单片机 a 将一段流水灯控制程序发送到单片机 b，利用 b 来控制其 P1 口点亮 8 位 LED 灯，完成了两个单片机之间的双机通信。

【能力目标】

(1) 独立设计不同通信状态下的电路原理图。
(2) 熟练使用异步串行通信 232 接口编写程序。
(3) 编译、下载、调试程序，完成任务要求。

【知识目标】

(1) 掌握串行口的基本结构。
(2) 掌握串行口控制寄存器 SCON、数据缓冲寄存器 SBUF 的作用。
(3) 掌握串行通信的工作方式以及波特率的产生和计算。
(4) 了解 RS-232C 串行通信接口标准、接口电路的设计方式及电气特性。

任务一　单片机将串行数据发送给 PC

【知识储备】

一、串行口的基本结构

51 系列单片机的串行口占用 P3.0 和 P3.1 两个引脚，是一个全双工的异步串行通信接口，可以同时发送和接收数据。P3.0 是串行数据接收端 RXD，P3.1 是串行数据发送端 TXD。51 单片机串行接口的内部结构如图 6-1 所示。

51 单片机串行接口的结构由串行接口控制电路、发送电路和接收电路 3 部分组成。发送电路由发送缓冲器(SBUF)、发送控制电路组成。接收电路由接收缓冲器(SBUF)、接收控制电路组成。两个数据缓冲器在物理上是相互独立的，在逻辑上却占用同一个字节地址(99H)。

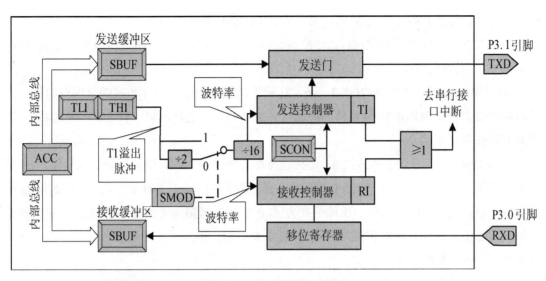

图 6-1 串行口结构示意图

二、串行口控制寄存器 SCON

特殊功能寄存器 SCON 存放串行口的控制和状态信息,串行口的工作方式是由串行口控制寄存器 SCON 控制的,其格式如表 6-1 所示。

表 6-1 SCON 各功能位定义

位	D7	D6	D5	D4	D3	D2	D1	D0	字节地址
SCON	SM0	SM1	SM2	REN	TB8	RB8	TI	RI	98H
位地址	9FH	9EH	9DH	9CH	9BH	9AH	99H	98H	

(1) SM0 和 SM1:用于设置串行接口的工作方式,2 位可选择 4 种工作方式,如表 6-2 所示。

表 6-2 串行端口工作方式

SM0	SM1	方 式	功能说明	波 特 率
0	0	0	同步移位寄存器方式	$f_{osc}/12$
0	1	1	10 位 UART	可变
1	0	2	11 位 UART	$f_{osc}/64$ 或 $f_{osc}/32$
1	1	3	11 位 UART	可变

(2) SM2:方式 2 和方式 3 的多级通信控制位。对于方式 2 或方式 3,如 SM2 置为 1,则接收到的第 9 位数据(RB8)为 1 时置位 RI,否则不置位;对于方式 1,若 SM2=1,则只有

接收到有效的停止位时才会置位 RI。对于方式 0，SM2 应该为 0。

(3) REN：允许串行接收位。由软件置位或清零。REN=1 时，串行接口允许接收数据；REN=0 时，则禁止接收。

(4) TB8：对于方式 2 和方式 3，是发送数据的第 9 位。可用作数据的奇偶校验位，或在多机通信中，作为地址帧/数据帧的标志位。TB8=0，发送地址帧，TB8=1，发送数据帧。需要有软件置 1 或清 0。

(5) RB8：对于方式 2 和方式 3，是接收数据的第 9 位，作为奇偶校验位或地址帧/数据帧的标志位。对于方式 1，若 SM2=0，则 RB8 是接收到的停止位；对于方式 0，不使用 RB8。

(6) TI：发送中断标志位。由硬件在方式 0 串行发送第 8 位结束时置位，或在其他方式串行发送停止位的开始时置位，向 CPU 发中断申请。但必须在中断服务程序中由软件将其清 0，取消此中断请求。

(7) RI：接收中断标志位。由硬件在方式 0 接收到第 8 位结束时置位，或在其他方式接收到停止位的中间时置位，向 CPU 发中断申请。但必须在中断服务程序中由软件将其清 0，取消此中断请求。

三、数据缓冲器 SBUF

发送缓冲器只管发送数据，51 单片机没有专门的启动发送的指令，发送时，就是 CPU 写入 SBUF 的时候，如 SBUF=dat;(MOV SBUF, A)；接收缓冲器只管接收数据，接收时，就是 CPU 读取 SBUF 的过程，如 dat =SBUF;(MOV A, SBUF)。即数据接收缓冲器只能读出不能写入，数据发送缓冲器只能写入不能读出。CPU 对特殊功能寄存器 SBUF 执行写操作，就是将数据写入发送缓冲器；对 SBUF 执行读操作就是读出接收缓冲器的内容，所以可以同时发送和接收数据。对于发送缓冲器，由于发送时 CPU 是主动的，不会产生重叠错误。而接收缓冲器是双缓冲结构，以避免在接收下一帧数据之前，CPU 未能及时响应接收器的中断，没有把上一帧数据取走，就会丢失前一字节的内容。

四、串行通信工作方式

通过对串行控制寄存器 SM0(SCON.7)和 SM1(SCON.6)的设置，可将 51 单片机的串行通信设置成 4 种不同的工作方式，如表 6-2 所示。

1. 方式 0

当串行通信控制寄存器 SCON 的最高两位 SM0SM1=00 时，串行口工作在方式 0。方式 0 是扩展移位寄存器工作方式，常常用于外接移位寄存器扩展 I/O 口。此方式下，数据由 RXD 串行输入/输出，TXD 为移位脉冲输出端，使外部的移位寄存器移位。发送和接收都是 8 位数据为 1 帧，没有起始位和停止位，低位在前。

1) 方式 0 输出

方式 0 输出时序如图 6-2 所示。

当执行一条写入 SBUF 的指令时，就启动了串行接口的发送过程(如 MOV SBUF, A)。串行口以 $f_{osc}/12$ 的固定波特率从 TXD 引脚输出串行同步时钟，8 位同步数据从 RXD 引脚输出。8 位数据发送完后自动将 TI 置 1，向 CPU 申请中断，告诉 CPU 可以发送下一帧数据。在这之前，必须在中断服务程序中用软件将 TI 清 0。

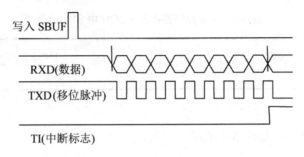

图 6-2　方式 0 输出时序

2) 方式 0 输入

方式 0 输入时序如图 6-3 所示。

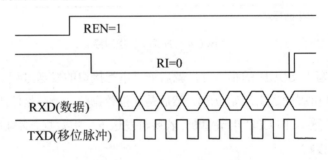

图 6-3　方式 0 输入时序

当用户在应用程序中，将 SCON 中的 REN 位置 1 时(同时 RI=0)，就启动了一次数据接收过程。数据从外接引脚 RXD(P3.0)输入，移位脉冲从外接引脚 TXD(P3.1)输出。8 位数据接收完后，由硬件将输入移位寄存器中的内容写入 SBUF，并自动将 RI 置 1，向 CPU 申请中断。CPU 响应中断后，用软件将 RI 清 0，同时读走输入的数据，接着启动串行口接收下一个数据。

2．方式 1

当串行通信控制寄存器 SCON 的最高两位 SM0SM1=01 时，串行口工作在方式 1。方式 1 下，串行口是波特率可变的 10 位异步通信接口。TXD 为数据输出线，RXD 为数据输入线。

传送一帧数据为 10 位：1 位起始位(0)，8 位数据位(低位在先)，1 位停止位(1)。方式 1 的波特率发生器由下式确定：

$$方式 1 波特率=(2^{SMOD}/32)×定时器 1 的溢出率$$

其中，SMOD 是特殊功能寄存器 PCON 的最高位，即波特率加倍控制位。当 SMOD=1 时，串行口的波特率加倍，如表 6-3 所示。PCON 的最高位是串行口波特率系数控制位 SMOD，在串行接口方式 1、方式 2、方式 3 时，波特率与 SMOD 有关，当 SMOD=1 时，波特率加倍，否则不加倍。复位时，SMOD=0。PCON 的地址为 97H，不能位寻址，需要字节传送。

表 6-3　电源控制寄存器 PCON 中 SMOD 的定义

位	D7	D6	D5	D4	D3	D2	D1	D0	字节地址
PCON	SMOD								97H

1) 方式 1 发送

方式 1 的发送时序如图 6-4 所示。

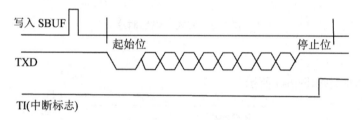

图 6-4　方式 1 发送时序

当执行一条写入 SBUF 的指令时，就启动了串行接口的发送过程。在发送时钟脉冲的作用下，从 TXD 引脚先送出起始位(0)，然后是 8 位数据位，最后是停止位(1)。一帧数据发送完后自动将 TI 置 1，向 CPU 申请中断。若要再发送下一帧数据，必须用软件先将 TI 清 0。

2) 方式 1 接收

方式 1 接收时序如图 6-5 所示。

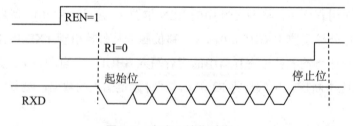

图 6-5　方式 1 接收时序

当用软件将 SCON 中的 REN 位置 1 时(同时 RI=0)，就允许接收器接收。接收器以波特率的 16 倍速率采样 RXD 引脚，当采样到 1 到 0 的负跳变时，即检测到了有效的起始位，就开始启动接收,将输入的 8 位数据逐位移入内部的输入移位寄存器。如果接收不到起始位,则重新检查 RXD 引脚是否有负跳变信号。

当 RI=0,且 SM2=0 或接收到的停止位为 1 时,将接收到的 9 位数据的前 8 位装入接收 SBUF,第 9 位(停止位)装入 RB8,并置位 RI,向 CPU 申请中断。否则接收的信息将被丢弃。所以编程时要特别注意 RI 必须在每次接收完成后将其清 0,以准备下一次接收。通常方式 1 时,SM2=0。

3. 方式 2

当串行通信控制寄存器 SCON 的最高两位 SM0SM1=10 时,串行口工作在方式 2。方式 2 下,串行口是波特率可调的 11 位异步通信接口。TXD 为数据发送引脚,RXD 为数据接收引脚。传送一帧数据为 11 位:1 位起始位(0),8 位数据位(低位在先),第 9 位(附加位)是 SCON 中的 TB8 或 RB8,最后 1 位是停止位(1)。方式 2 的波特率固定为晶振频率的 1/64 或 1/32。

$$方式\ 2\ 波特率=(2^{SMOD}/64) \times f_{osc}$$

其中,SMOD 是特殊功能寄存器 PCON 的最高位,即波特率加倍控制位。当 SMOD=1 时,串行口的波特率被加倍。

1) 方式 2 发送

方式 2 发送时序如图 6-6 所示。

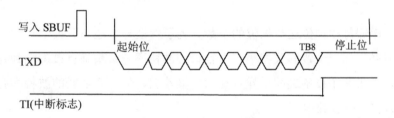

图 6-6 方式 2 和方式 3 发送时序

当执行一条写入 SBUF 的指令时,就启动了串行接口的发送过程,信息从 TXD 引脚输出。一帧数据发送完后自动将 TI 置 1,向 CPU 申请中断。若要再发送下一帧数据,必须用软件先将 TI 清 0。发送的 11 位数据中,第 9 位(附加位)数据放在 TB8 中,在一帧信息发送之前,TB8 可以由用户在应用程序中进行清 0 或置 1,可以作为校验位和帧识别位使用。

2) 方式 2 接收

方式 2 接收时序如图 6-7 所示。

51 单片机串行口以方式 2 接收数据时,REN 必须置 1,接收的信息从 RXD 引脚输入。串行口接收器在接收到第 9 位后,当满足 RI=0 和 SM2=0 或接收到的第 9 位为 1 时,接收的 8 位数据被送入 SBUF,第 9 位被送入 RB8,同时将 RI 置 1,向 CPU 申请中断。否则,接收到的信息将被丢弃。

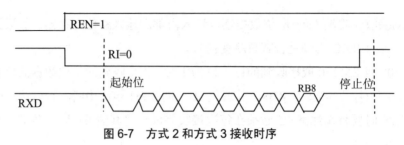

图 6-7　方式 2 和方式 3 接收时序

4. 方式 3

由于方式 2 的波特率完全取决于单片机使用的晶振频率，当需要改变波特率时(除了波特率加倍外)，往往需要更换系统的晶体振荡器，灵活性较差，而方式 3 的波特率是可以调整的，其波特率取决于 T1 的溢出率。当串行通信控制寄存器 SCON 的最高两位 SM0SM1=11 时，串行口工作在方式 3。方式 3 是波特率可调的 11 位异步通信方式，该方式的波特率由下式确定：

$$方式 3 波特率=(2^{SMOD}/32)×定时器 1 的溢出率$$

串行口方式 3 接收数据和发送数据的时序分别见图 6-6 和图 6-7。方式 2 和方式 3 除了使用的波特率发生器不同外，其他都相同，因此在这里不再赘述。

五、波特率

所谓波特率即每秒钟传送数据位的个数。为了保证异步通信数据信息的可靠传输，异步通信的双方必须保持一致的波特率。串行口的波特率是否精确直接影响到异步通信数据传送的效率，如果两个设备之间用异步通信传输数据，但二者之间的波特率有误差，极可能造成接收方错误接收数据。

方式 0 和方式 2 的波特率是固定的，与晶振频率有着密切的关系，这里不再赘述。下面对方式 1 和方式 3 的波特率进行简要说明。

串行口方式 1 和方式 3 的波特率是可以调整的，由 T1 的溢出率和波特率加倍控制位 SMOD 决定，且 T1 是可编程的，这就允许用户对波特率的调整有较大的范围，因此串行口方式 1 和方式 3 是最常用的工作方式。

多数情况下,串行口用 T1 作为波特率发生器，这时方式 1 和方式 3 的波特率由下式确定：

$$方式 1 和方式 3 波特率=2^{SMOD}×(T1 的溢出率)/32$$

定时器从初值计数到产生溢出，每秒溢出的次数称为溢出率。SMOD=0 时，波特率等于 T1 溢出率的 1/32；SMOD=1 时，波特率等于 T1 溢出率的 1/16。

定时器 T1 作波特率发生器时，通常工作于定时模式(C/$\overline{T}$=0)，禁止 T1 中断。T1 的溢出率和它的工作方式有关，一般选方式 2，这种方式可以避免重新设定初值而产生波特率误

差。此时 T1 溢出率为

$$T1 \text{ 溢出率} = f_{osc}/[12\times(256-TH1)]$$

波特率的计算公式：

方式 1 和方式 3 的波特率 $=2^{SMOD}\times f_{osc}/[32\times12\times(256-TH1)]$

在单片机的应用中，相同机种单片机波特率很容易达到一致，只要晶振频率相同，可以采用完全一致的设置参数。异机种单片机的波特率设置较难达到一致，这是由于不同机种的波特率产生的方式不同，计算公式也不同，只能产生有限的离散的波特率值，即波特率值是非连续的。这时的设计原则应使两个通信设备之间的波特率误差小于 2.5%。例如在 PC 与单片机进行通信时，常选择单片机晶振频率为 11.0592 MHz，两者容易匹配波特率。

常用的串行口波特率以及相应的晶振频率、T1 工作方式和计数初值等参数的关系如表 6-4 所示。

表 6-4 常用波特率、晶振频率与定时器(T1)的参数关系

串行口工作方式及波特率 (bit/s)	f_{osc}/MHz	SMOD	定时器(T1)		
			C/$\overline{T}$	方式	初始值
方式 0 最大：1M	12	×	×	×	×
方式 2 最大：375K	12	1	×	×	×
方式 1、3： 62.5K	12	1	0	2	FFH
19.2K	11.0592	1	0	2	FDH
9600	12	1	0	2	F9H
4800	12	1	0	2	F3H
2400	12	0	0	2	F3H
1200	12	1	0	2	F6H
9600	11.0592	0	0	2	FDH
4800	11.0592	0	0	2	FAH
2400	11.0592	0	0	2	F4H
1200	11.0592	0	0	2	E8H

【任务实践】

1) 工作任务描述

单片机在按键的控制下发送一组数据，PC 接收，利用串行口调试助手查看结果。

2) 工作任务分析

单片机系统除了要完成对外部设备的控制外,与外围设备或单片机之间及与 PC 之间进行数据交换也是必不可少的,该任务要通过配置 51 单片机的串行通信接口,完成将单片机的数据发送到 PC 上。

3) 工作步骤

(1) 设计串行通信接口电路原理图。

(2) 打开集成开发环境,建立一个新的工程。

(3) 编写程序,编译生成目标文件。

(4) 下载调试。

4) 工作任务设计方案及实施

电路原理图如图 6-8 所示。

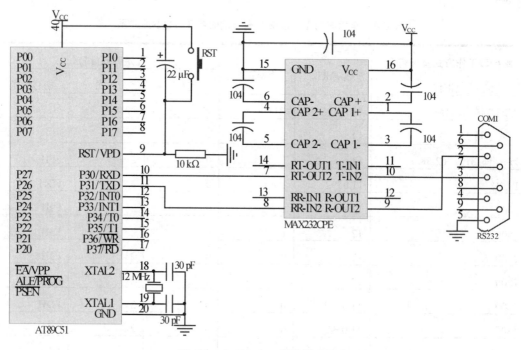

图 6-8 与 PC 串口通信原理图

程序示例:

```
#include <REGX51.H>

sbit key1=P1^5;
unsigned char code Tab[]={0xFE,0xFD,0xFB,0xF7,0xEF,0xDF,0xBF,0x7F};
unsigned char i=0;

//向串行口发送一个字符
```

```c
void send(unsigned char dat)
{
    SBUF=dat;
    while(TI==1)
    TI=0;

}
void delay(void)
{
    unsigned char m,n;
    for(m=0;m<60;m++)
        for(n=0;n<250;n++);
}

void main()
{

    SCON=0x50;//串行口工作方式1，允许接收
    TMOD=0X20;//定时器1，方式2
    TH1=0XF4;//晶振12M，波特率2400
    EA=0;//开总中断
    TR1=1;//启动定时器
    while(1)
    {
        if(key1==0)
        {
            delay();
            if(key1==0)
            {
            send(Tab[i]);
            delay();
            i++;
            if(i==7)
            i=0;
            }
        }
    }
}
```

任务二　PC 发送单片机串口接收

【知识储备】

RS232 接口标准

除了满足约定的波特率、工作方式和特殊功能寄存器的设定外，串行通信双方必须采

用相同的接口标准,才能进行正常的通信。由于不同设备串行接口的信号线定义、电器规格等特性都不尽相同,因此要使这些设备能够互相连接,需要统一的串行通信接口。下面介绍常用的 RS-232C 串行通信接口标准。

RS-232C 接口标准的全称是 EIA-RS-232C 标准。其中,EIA(Electronic Industry Association)代表美国电子工业协会,RS(Recommended Standard)代表 EIA 的"推荐标准",232 为标识号。

RS-232C 定义了数据终端设备(DTE)与数据通信设备(DCE)之间的物理接口标准。接口标准包括引脚定义、电气特性和电平转换三方面的内容。

1. 引脚定义

RS-232C 接口规定使用 25 针 D 型口连接器,连接器的尺寸及每个插针的排列位置都有明确的定义。在微型计算机通信中,常常使用的有 9 根信号引脚,所以常用 9 针 D 型口连接器替代 25 针连接器。连接器引脚定义如图 6-9 所示。RS-232C 接口的主要信号线的功能定义如表 6-5 所示。

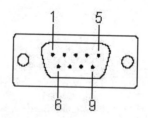

图 6-9　PC 串口 DB-9 引脚

表 6-5　PC 9 脚串口的引脚说明

引脚编号	信 号 名	描　　述	I/O
1	CD	载波检测	In
2	RD	接收数据	In
3	TD	发送数据	Out
4	DTR	数据终端就绪	Out
5	SG	信号地	
6	DSR	数据设备就绪	In
7	RTS	请求发送	Out
8	CTS	允许发送	In
9	RI	振铃指示器	In

2. 电气特性

RS-232C 采用负逻辑电平,规定 DC(-3~-15)为逻辑 1,DC(+3~+15)为逻辑 0。通常 RS-232C 的信号传输最大距离为 30m,最高传输速率为 20Kb/s。

RS-232C 的逻辑电平与通常的 TTL 和 MOS 电平不兼容,为了实现与 TTL 或 MOS 电路的连接,要外加电平转换电路。

3. RS-232C 电平与 TTL 电平转换驱动电路

如上所述,51 单片机串行口与 PC 的 RS-232C 接口不能直接对接,必须进行电平转换。常见的 TTL 到 RS-232C 的电平转换器有 MC1488、MC1489 和 MAX 202/232/232A 等芯片。

由于单片机系统中一般只用+5V 电源,MC1488、MC1489 需要双电源供电(±12V),增加了体积和成本,生产商推出了芯片内部具有自升压电平转换电路,可在单+5V 电源下工作的接口芯片。如图 6-10 所示的 MAX232,能满足 RS-232C 的电气规范,内置电子泵电压转换器将+5V 转换成-10~+10V,该芯片与 TTL/CMOS 电平兼容,片内有 2 个发送器,2 个接收器,在单片机应用系统中得到了广泛使用。

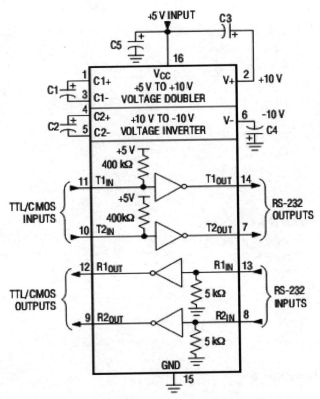

图 6-10 MAX232 内部逻辑框图

【任务实践】

1) 工作任务描述

PC 发送,单片机接收数据,将数据通过数码管显示。

2) 工作任务分析

该任务要实现单片机接收从 PC 传过来的数据,与任务一不同的是,单片机由发送方变成了接收方,异步串行通信要注意波特率的匹配。

3) 工作步骤

(1) 设计串行通信接口电路和数码管显示原理图。

(2) 打开集成开发环境,建立一个新的工程。

(3) 编写程序,编译生成目标文件。

(4) 下载调试,利用串行调试助手发送一组数据,看单片机能否正常接收显示。

4) 工作任务设计方案及实施

串口通信电路参照图 6-8,数码管驱动电路参照图 2-3。

程序示例:

```c
#include <REGX51.H>

#define uchar unsigned char
#define uint unsigned int
#define weixuan P0

sbit sck=P2^7;//移位时钟
sbit tck=P2^6;//锁存时钟
sbit data1=P2^5;//串行数据输入
void init_serial()
{
    SCON=0X50;//设置串口工作方式1,允许接收
    TMOD=0X20;//T1 方式 2 作为波特率发生器
    TH1=0xf4;//波特率为 2400b/s
    EA=1;//开总中断
    ES=1;//开串行口中断
    TR1=1;//启动定时器 T1
}
void send(uchar data8)//通过 595 将段选数据发送到数码管
{
    uchar i;//设置循环变量
    sck=1;
    tck=1;
    for(i=0;i<=7;i++)
    {
```

```
            if((data8>>i)&0x01)
                data1=1;
            else
                data1=0;
            sck=0;
            sck=1;//移位脉冲
        }
        tck=0;
        tck=1;//锁存脉冲
    }
void main()
{
    init_serial();//串口初始化
    weixuan=0;
    while(1);
}
//串行口中断子程序
void serial() interrupt 4
{
    uchar buf;
    ES=0;
    TR1=0;
    RI=0;
    buf=SBUF;
    send(buf);
    TR1=1;
    ES=1;
}
```

任务三 两个单片机之间的串行通信

【任务实践】

1) 工作任务描述

利用单片机 a 将一段流水灯控制程序发送到单片机 b，利用 b 来控制其 P1 口点亮 8 位 LED。

2) 工作任务分析

前两个任务分别实现了发送和接收，但对象是单片机与 PC，本任务主要是实现单片机之间的双机通信。

3) 工作步骤

(1) 设计双机通信的硬件原理图。

(2) 打开集成开发环境，建立一个新的工程。

(3) 编写程序，编译生成目标文件。

(4) 下载调试。

4) 工作任务设计方案及实施(见图6-11)

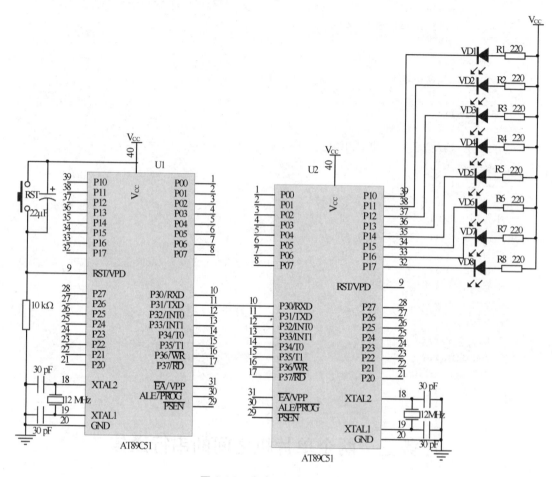

图6-11 方式1，点对点通信

5) 程序示例

(1) 案例分析。

a完成发送，b完成接收；编程设置a，令SM0=0，SM1=1。设置b，令SM0=0，SM1=1，REN=1，使接收允许。

(2) 源程序。

① 数据发送程序。

```
#include<reg51.h>                    //包含单片机寄存器的头文件
unsigned char code Tab[]={0xFE,0xFD,0xFB,0xF7,0xEF,0xDF,0xBF,0x7F};
                                     //流水灯控制码，该数组被定义为全局变量
/*****************************************************************
```

```c
函数功能:发送一个字节数据
******************************************************************/
void Send(unsigned char dat)
{
    SBUF=dat;                    //将待发送数据写入发送缓存器中
    while(TI==0)                 //若发送中断标志位没有置1(正在发送),就等待
        ;                        //空操作
    TI=0;                        //将TI清0
}
/*******************************************************************
函数功能:延时约150 ms
******************************************************************/
void delay(void)
{
    unsigned char m,n;
    for(m=0;m<200;m++)
        for(n=0;n<250;n++);
}
/*******************************************************************
函数功能:主函数
******************************************************************/
void main(void)
{
    unsigned char i;
    TMOD=0x20;                   //定时器T1工作于方式2
    SCON=0x40;                   //串口工作方式1
    PCON=0x00;
    TH1=0xf4;                    //波特率为2400 b/s
    TL1=0xf4;
    TR1=1;                       //启动定时器T1
    while(1)
    {
        for(i=0;i<8;i++)         //一共8位流水灯控制码
        {
            Send(Tab[i]);        //发送数据i
            delay();             //每150 ms发送一次数据(等待150 ms后再发送一次数据)
        }
    }
}
```

② 数据接收程序。

```c
#include<reg51.h>                //包含单片机寄存器的头文件
/*******************************************************************
函数功能:接收一个字节数据
******************************************************************/
unsigned char Receive(void)
{
```

```
    unsigned char dat;
    while(RI==0)            //只要接收中断标志位RI没被置1就等待,直至接收完毕
        ;                   //空操作
    RI=0;                   //为了接收下一帧数据,需用软件将RI清0
    dat=SBUF;               //将接收缓存器中的数据存于dat
    return dat;             //将接收到的数据返回
}
/******************************************************************
函数功能:主函数
******************************************************************/
void main(void)
{
    TMOD=0x20;              //定时器T1工作于方式2
    SCON=0x50;              //串口工作方式1
    PCON=0x00;
    TH1=0xf4;               //波特率为2400 b/s
    TL1=0xf4;
    TR1=1;                  //启动定时器T1
    REN=1;                  //允许接受
    while(1)
    {
        P1=Receive();       //将接收到的数据送P1口显示
    }
}
```

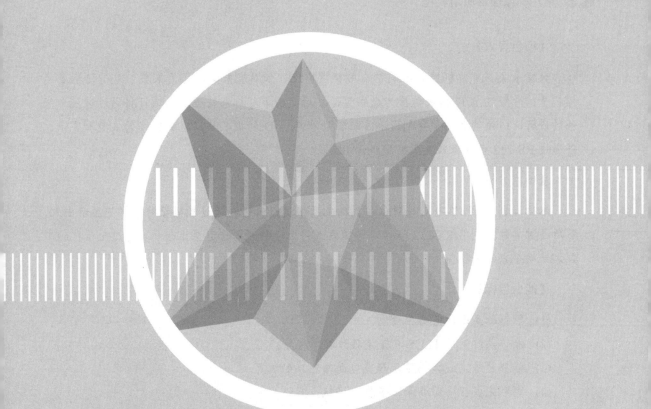

项目七

数据采集系统设计

【项目导入】

数据采集在单片机控制系统中应用非常广泛，如温度采集、压力采集。外部传感器的模拟量信号经过 A/D 模块转换为数字量，然后交由单片机来处理。本项目将通过对三个任务的讲解，引导读者们学会利用单片机驱动外部 A/D 转换芯片，完成数据的采集和显示，并通过 RS-232 串口将采集数据发送至 PC。

【项目分析】

本项目利用 TLC549 芯片对电位器的电压值进行采样，通过数码管将采样值显示出来，然后通过单片机利用 RS-232 串口通信的方式将采集的数据传送至上位机，通过上位机的串口调试助手查看转换值。

【能力目标】

(1) 能够独立设计电路原理图。
(2) 能够熟练使用 TLC549 转换芯片编写程序。
(3) 能够熟练完成数码显示和串口通信程序的编写。
(4) 顺利完成程序的编译、下载和调试。

【知识目标】

(1) 掌握 TLC549 的主要电气特性、内部结构和引脚分布。
(2) 掌握 TLC549 的 A/D 转换过程与工作时序。
(3) 复习数码显示、串口通信相关知识。

任务一　带显示的数据采集系统设计

【知识储备】

一、分析 TLC549 的主要特性

(1) 8 位分辨率 A/D 转换器，总不可调整误差≤±0.5LSB。
(2) 采用三线串行方式与微处理器相连。
(3) 片内提供 4MHz 内部系统时钟，并与操作控制用的外部 I/O CLOCK 相互独立。
(4) 有片内采样保持电路，转换时间≤17μs，包括存取与转换时间转换速率达 40000 次/秒。
(5) 差分高阻抗基准电压输入，其范围是：1V≤差分基准电压≤V_{CC}＋0.2V。

(6) 宽电源范围：3～6.5V，低功耗，当片选信号 $\overline{CS}$ 为低电平、芯片选中处于工作状态时，功耗非常低。

二、TLC549 的内部结构和引脚

TLC549 芯片包含内部系统时钟、采样和保持电路、8 位 A/D 转换电路、输出数据寄存器以及控制逻辑电路，它采用 $\overline{CS}$、I/O CLOCK 和 DATA OUT 三根线实现与微控制器 MCU 或微处理器 CPU 进行串行通信，其中 $\overline{CS}$ 和 I/O CLOCK 作为输入控制，芯片选择端 $\overline{CS}$ 低电平有效，当 $\overline{CS}$ 为高电平时 I/O CLOCK 输入被禁止，且 DATA OUT 输出处于高阻状态，其工作过程见下文工作时序及其说明部分。

图 7-1 是 DIP 封装的 TLC549 引脚排列图。

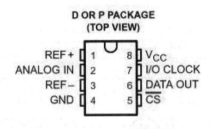

图 7-1　TLC549 引脚结构

TLC 各引脚功能如下。

(1) REF+：正基准电压输入端，$2.5V \leqslant REF+ \leqslant V_{CC}+0.1$。

(2) REF-：负基准电压输入端，$-0.1V \leqslant REF- \leqslant 2.5V$，且要求 REF+ － REF- $\geqslant 1V$。

由以上两项可以看出，TLC549 可以使用差分基准电压，这是该芯片的重要特性，利用这个特性 TLC549 可能测量到的最小量值达 1000 mV/256，也就是说 0～1V 信号不经放大也可以得到 8 位的分辨率，因此可以简化电路、节省成本。

(1) ANALOG IN：模拟信号输入端，$0 \leqslant ANALOG\ IN \leqslant V_{CC}$，当 ANALOG IN $\geqslant$ REF+ 电压时，转换结果为全 1(FFH)，ANALOG IN $\leqslant$ REF- 电压时，转换结果为全 0(00H)。

(2) GND：接地线。

(3) $\overline{CS}$：芯片选择输入端，要求输入高电平 $V_{IN} \geqslant 2V$，输入低电平 $V_{IN} \leqslant 0.8V$。

(4) DATA OUT：转换结果数据串行输出端，与 TTL 电平兼容，输出时高位在前，低位在后。

(5) I/O CLOCK：外接输入/输出时钟输入端，不同于同步芯片的输入/输出操作，无须与芯片内部系统时钟同步。

(6) V_{CC}：系统电源 $3V \leqslant V_{CC} \leqslant 6V$。

三、TLC549 的工作时序

TLC549 的工作时序如图 7-2 所示。

当 $\overline{CS}$ 变为低电平后，TLC549 芯片被选中，同时前次转换结果的最高有效位 MSB(A7) 自 DATA OUT 端输出，接着要求自 I/O CLOCK 端输入 8 个外部时钟信号，前 7 个 I/O CLOCK 信号的作用是配合 TLC549 输出前次转换结果的 A6～A0 共 7 位，并为本次转换做准备。在第 4 个 I/O CLOCK 信号由高至低地跳变之后，片内采样/保持电路对输入模拟量采样开始，第 8 个 I/O CLOCK 信号的下降沿使片内采样/保持电路进入保持状态并启动 A/D 开始转换。转换时间为 36 个系统时钟周期，最大为 17μs。直到 A/D 转换完成前的这段时间内，TLC549 的控制逻辑要求：或者 $\overline{CS}$ 保持高电平，或者 I/O CLOCK 时钟端保持 36 个系统时钟周期的低电平。

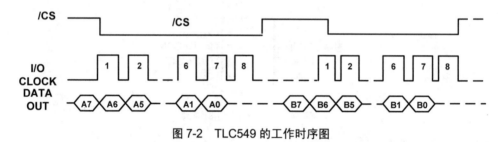

图 7-2 TLC549 的工作时序图

由此可见，在自 TLC549 的 I/O CLOCK 端输入 8 个外部时钟信号期间需要完成以下工作：读入前次 A/D 转换结果；对本次转换的输入模拟信号采样并保持；启动本次 A/D 转换。

【任务实践】

1) 工作任务描述

利用 TLC549 对电位器的电压值进行采样，读取采样值并通过数码管显示出来。

2) 工作任务分析

TLC549 (TLC548) 是 TI 公司生产的一种低价位、高性能的 8 位 A/D 转换器，它以 8 位开关电容逐次逼近的方法实现 A/D 转换，其转换速度小于 17μs，它能方便地采用三线串行接口方式与各种微处理器连接，构成各种廉价的测控应用系统。本任务中，我们用电位器电压作为要采集的模拟量的输入，将采样的数据送到数码管显示，数码管已经用到多次，这里直接调用即可，本任务主要是引导读者编写驱动 TLC549 工作的驱动程序。

3) 工作步骤

(1) 设计 TLC549 与单片机相连的硬件原理图。

(2) 打开集成开发环境，建立一个新的工程。

(3) 编写程序，编译生成目标文件。

(4) 下载调试。

4) 工作任务设计方案及实施

原理图如图 7-3 所示。

程序示例：

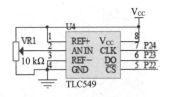

图 7-3 TLC549 与单片机连线图

```c
/*****************************
功能：TLC549 AD 采样
说明：从 TLC549 中读取采样值
*****************************/
#include <reg52.h>        //包含头文件
#include <intrins.h>
#define uchar unsigned char
//##########################################
//共阴极数码管显示代码：
uchar code seg[16]={0x3f,0x06,0x5b,0x4f,    //0,1,2,3,
                    0x66,0x6d,0x7d,0x07,    //4,5,6,7,
                    0x7f,0x6f,0x77,0x7c,    //8,9,A,b,
                    0x39,0x5e,0x79,0x71};   //C,d,E,F
sbit P00=P0^0;
sbit P01=P0^1;
//定义 74HC595 端口号
sbit SCK_HC595=P2^7;        //11 移位寄存器时钟输入
sbit RCK_HC595=P2^6;        //12 存储寄存器时钟输入
sbit DA_HC595=P2^5;         //14 串行数据输入
//定义 TLC549 端口号
sbit CLOCK_TLC549=P2^4;     //时钟线
sbit OUTDA_TLC549=P2^3;     //数据输出口线
sbit CS_TLC549=P2^2;        //片选端
//TLC549 转换等待时间
void flash()
{
 _nop_();
 _nop_();
}
//延时函数
void delay(uchar i)
{
  while(i>0)  i--;
}
uchar write_HC549(void)
{
 uchar convalue=0;
 uchar i;
 CS_TLC549=1;               //芯片复位
```

```c
    CS_TLC549=0;              //开始转换数据
    delay(12);                //等待转换结束
    CS_TLC549=0;              //读取转换结果
    flash();
    for(i=0;i<8;i++)
       {
       CLOCK_TLC549=1;
       flash();
       if(OUTDA_TLC549)
       convalue|=0x01;
         convalue<<=1;
       CLOCK_TLC549=0;
       flash();
       }
    CS_TLC549=1;              //禁能TLC549，再次启动A/D转换
    CLOCK_TLC549=1;
    return(convalue);         //返回转换结果
}
/*************************************************************
//名称：wr595()向595发送一个字节的数据
//功能：向595发送一个字节的数据(先发高位)
*************************************************************/
void write_HC595(uchar wrdat)
{
    uchar i;
    SCK_HC595=0;
    RCK_HC595=0;
    for(i=8;i>0;i--)              //循环8次，写一个字节
       {
       DA_HC595=wrdat&0x80;   //发送BIT0位
       wrdat<<=1;             //要发送的数据左移,准备发送下一位
       SCK_HC595=0;
        _nop_();
        _nop_();
       SCK_HC595=1;           //移位时钟上升沿
        _nop_();
        _nop_();
       SCK_HC595=0;
       }
    RCK_HC595=0;              //上升沿将数据送到输出锁存器
     _nop_();
     _nop_();
    RCK_HC595=1;
     _nop_();
     _nop_();
    RCK_HC595=0;
```

}
/***
函数名称：数码管显示子函数
功能：A/D 转换后的数据将在数码管上显示出来
***/
```c
void display_HC595(uchar da)
{
 uchar al,ah;
 al=seg[da&0x0f];           //取显示个位
 write_HC595(al);
 P01=0;                     //个位使能
 delay(100);                //延时时间决定亮度
 P01=1;
 ah=seg[(da>>4)&0x0f];      //取显示十位
 write_HC595(ah);
 P00=0;                     //十位使能
 delay(100);
 P00=1;
}
//主函数
void main(void)
{
 uchar reg;                 //定义变量暂存器
 while(1)
    {
    reg=write_HC549();
    delay(50);              //前一次转换，再次启动时不少于17μs
    display_HC595(reg);
    }
}
```

任务二　带上位机通信功能的数据采集系统设计

【任务实践】

1) 工作任务描述

利用 TLC549 对电位器的电压值进行采样，将采集数据传送到上位机上去。

2) 工作任务分析

本任务完成了一个带上位机通信功能的数据采集系统设计，通过任务引导读者能够将所学的零散技能综合应用起来。

3) 工作步骤

(1) 设计采集系统的硬件原理图。

(2) 打开集成开发环境,建立一个新的工程。

(3) 编写程序,编译生成目标文件。

(4) 下载调试。

4) 工作任务设计方案及实施

程序示例:

```c
#include <REGX51.H>
#include <intrins.h>
#define uchar unsigned char
#define uint unsigned int

sbit TLC549_CLK=P2^4;//定义549时钟端口
sbit TLC549_DATAOUT=P2^3;//定义549数据输出
sbit TLC549_CS=P2^2;//定义549片选

void delay( );

sbit key1=P1^5;
//初始化程序
void init_serial()
{
    SCON=0x50;//串行口工作方式1,允许接收
    TMOD=0X20;//定时器1,方式2
    TH1=0XF4;//晶振12MHz,波特率2400b/s
    EA=1;//开总中断
    ES=1;//开串行口中断
    TR1=1;//启动定时器
}
 //延时子程序
void delay1(uint num)
{
    uchar i;
    for(i=0;i<num;i++)
    _nop_();
}
void delay_ms(uint tms)
{
    while(tms--)
    {
        uchar t;
        for(t=100;t>0;t--)
        _nop_();
    }
}
```

```c
uchar TLC549_ADC()
{
    uchar i,tmp;
    TLC549_CS=1;
    TLC549_CS=0;
    _nop_();
    _nop_();

    for(i=0;i<8;i++)//串行数据移位输入
    {
        tmp=tmp<<1;
        tmp|=TLC549_DATAOUT;
        TLC549_CLK=0;
        //_nop_();
        TLC549_CLK=1;

    }
    //TLC549_CLK=0;
    TLC549_CS=1;
    delay1(17);
    return tmp;
}

void main()
{
    unsigned re;
    SCON=0X50;//设置串行口工作方式1
    TMOD=0X20;//设定定时器T1工作在方式2,定时模式
              //作为波特率发生器
    TH1=TL1=0XF4;//设定波特率为2400b/s
    EA=1;
    ES=1;
    TR1=1;
    while(1)
    {
        re=TLC549_ADC();
        SBUF=re;
        delay();
    }

}

void ser() interrupt 4
{
```

```
    RI=0;
}
```

任务三 多功能数据采集系统设计

【任务实践】

1) 工作任务描述

调节电位器代替模拟量变化，通过 A/D 转换将数值在数码管上显示出来。同时利用 RS-232 将数据传送到 PC 上，利用串行调试助手查看转换值。

2) 工作任务分析

本任务是对任务一和任务二的综合应用，学生在教师的引导下完成前两个任务后，可以独立完成该任务。

3) 工作步骤

(1) 设计采集系统的硬件原理图。

(2) 打开集成开发环境，建立一个新的工程。

(3) 编写程序，编译生成目标文件。

(4) 下载调试。

4) 工作任务设计方案及实施

程序示例：

```
/*************************************************************
名称：数据采集系统
*************************************************************/
#include <intrins.h>
#define uchar unsigned char
#define uint unsigned int
void send_data();              //发送函数
uchar temp;                    //定义变量
//##############################################
//共阴极数码管显示代码：
uchar code seg[16]={ 0x3f,0x06,0x5b,0x4f,    //0,1,2,3,
                     0x66,0x6d,0x7d,0x07,    //4,5,6,7,
                     0x7f,0x6f,0x77,0x7c,    //8,9,A,b,
                     0x39,0x5e,0x79,0x71};   //C,d,E,F
sbit P00=P0^0;
sbit P01=P0^1;
//定义74HC595端口号
sbit SCK_HC595=P2^7;     //11 移位寄存器时钟输入
sbit RCK_HC595=P2^6;     //12 存储寄存器时钟输入
```

```c
sbit DA_HC595=P2^5;        //14 串行数据输入
//定义TLC549端口号
sbit CLOCK_TLC549=P2^4;    //时钟线
sbit OUTDA_TLC549=P2^3;    //数据输出口线
sbit CS_TLC549=P2^2;       //片选端

void flash()               //TLC549转换等待时间
{
    _nop_();
    _nop_();
}
void delay(uchar i)        //延时函数
{
    while(i>0) i--;
}
//##########################################################
uchar write_HC549(void)    //TLC549 A/D采样
{
    uchar i,j,Vdata;
    Vdata=0;               //初始化采样数值
    CS_TLC549=1;           //初始化片选
    CLOCK_TLC549=0;
    delay(10);
    CS_TLC549=0;           //~CS变低,片选有效,启动TLC549
    delay(5);
    for(i=0;i<8;i++)       //前8个CLOCK
    {
        CLOCK_TLC549=1;
        CLOCK_TLC549=0;
    }
    delay(5);
    for(j=8;j>0;j--)//存储8位数据(A/D转换周期在~CS变低后的第8个CLOCK下降沿)
    {
        CLOCK_TLC549=1;
        Vdata=Vdata<<1;
        if(OUTDA_TLC549)
            Vdata=Vdata|0x01;   //Vdata为1时保存
        CLOCK_TLC549=0;
    }
    CS_TLC549=1;           //关闭TLC549
    CLOCK_TLC549=1;
    return(Vdata);         //返回采样值
}
//##########################################################
void write_HC595(uchar wrdat) 向595发送一个字节的数据
{
```

```c
    uchar i;
    SCK_HC595=0;
    RCK_HC595=0;
    for(i=8;i>0;i--)              //循环8次,写一个字节
    {
        DA_HC595=wrdat&0x80;      //发送BIT0 位
        wrdat<<=1;                //要发送的数据右移,准备发送下一位
        SCK_HC595=0;
        _nop_();
        _nop_();
        SCK_HC595=1;              //移位时钟上升沿
        _nop_();
        _nop_();
        SCK_HC595=0;
    }
    RCK_HC595=0;                  //上升沿将数据送到输出锁存器
    _nop_();
    _nop_();
    RCK_HC595=1;
    _nop_();
    _nop_();
    RCK_HC595=0;
}
/**************************************************************
函数名称:数码管显示子函数
功能:A/D转换后的数据将在数码管上显示出来
**************************************************************/
void display_HC595(uchar da)
{
    uchar al,ah,bl,bh;
    bl=da%16;
    al=seg[bl];            //取显示个位
    write_HC595(al);
    P01=0;                 //个位使能
    delay(130);            //延时时间决定亮度
    P01=1;
    bh=da/16;
    ah=seg[bh];            //取显示十位
    write_HC595(ah);
    P00=0;                 //十位使能
    delay(150);
    P00=1;
}
//########################################################
void send_data(uchar m)
{
```

```c
    SBUF=m;              //发送字符
    while(!TI);          //等待数据传送
    TI=0;                //清除数据传送标志
}
//#######################################################
void main(void)          //主函数
{
    uchar reg,t;         //定义变量暂存器
    SCON=0x50;           //设定串行口工作方式1
    TMOD=0x20;           //定时器1，自动重载，产生数据传输率
    TH1=0xFD;            //数据传输率为9600
    TL1=0xFD;            //数据传输率为9600
    TR1=1;               // 启动定时器1
    while(1)
    {
        reg=write_HC549();
        delay(50);              //前一次转换，再次启动时不少于17μs
        for(t=0;t<6;t++)
        {
            display_HC595(reg);
        }
     send_data(reg);            //调用发送字符串函数
    }
}
```

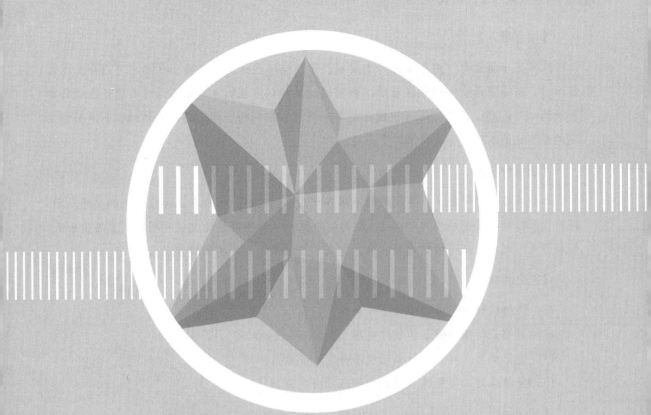

项目八

点阵显示系统设计

【项目导入】

点阵显示屏主要适用于室内外大屏幕显示，点阵显示屏按照显示的内容可以分为图文显示屏、图像显示屏和视频显示屏。如何通过单片机来控制点阵显示屏呢？这是本项目要解决的一个问题。另外，矩阵按键也是单片机经常控制的外部设备，具体的控制是如何实现的呢？这是本项目解决的第二个问题。

【项目分析】

本项目在读者掌握了点阵模块的基础知识后，完成数字 0~9 在点阵模块上的循环显示；接着在掌握矩阵按键的相关知识后，编写程序把 4×4 矩阵键盘的键值利用数码管显示出来；最后将点阵模块和矩阵按键结合起来，完成了点阵显示矩阵按键键值的任务。

【能力目标】

(1) 能够设计点阵屏的硬件连接电路。
(2) 能够设计矩阵键盘的硬件电路。
(3) 能够编写点阵显示的驱动程序并完成调试。
(4) 能够编写 4×4 矩阵按键的控制程序并完成调试。

【知识目标】

(1) 掌握点阵模块的基本结构、电气特性与连线方式。
(2) 掌握矩阵按键的扫描原理、键值识别的不同方法。

任务一 点阵显示模块的应用

【知识储备】

一、点阵的基础知识

本书以 8×8 点阵为例作说明，8×8 点阵共由 64 个发光二极管组成，且每个发光二极管是放置在行线和列线的交叉点上。行业上也通常把点阵分成共阳极和共阴极两种，而事实上单色点阵本无所谓共阳极还是共阴极，市场上对 8×8 点阵 LED 所谓的共阳极还是共阴极的分类一般是根据点阵第一个引脚的极性所定义的，第一个引脚为阳极则为共阳极，反之则为共阴极，即我们所说的行共阴极或者行共阳极，如图 8-1 所示。

如果不能确定，可以用万用表测量确定，方法如下。

(1) 确定正负极，把万用表拨到电阻挡×10，先用黑色探针(输出高电平)随意选择一个引脚，红色探针连接余下的引脚，看点阵是否发光，没发光就用黑色探针再选择一个引脚，红色探针碰余下的引脚,当点阵发光,则这时黑色探针接触的那个引脚为正极,红色探针碰到就发光的 7 个引脚为负极,剩下的 6 个引脚为正极。

(2) 确定引脚编号,先把器件的引脚正负极分布情况记录下来,正极(行)用数字表示,负极(列)用字母表示。先定负极引脚编号,黑色探针选定一个正极引脚,红色探针选定负极引脚,看是第几列的二极管发光,第一列就在引脚标上 A,第二列就在引脚标上 B,第三列……依次类推。这样点阵的一半引脚都编号了。剩下的正极引脚用同样的方法,第一行的亮就在引脚标上 1,第二行的亮就在引脚标上 2,第三行……依次类推。

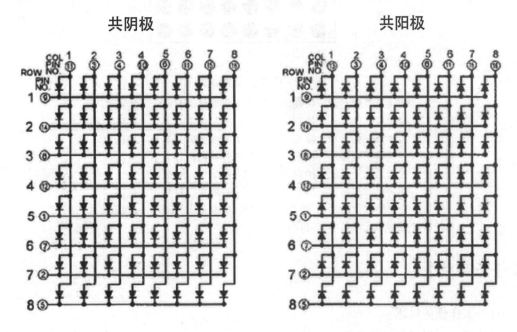

图 8-1 共阴极、共阳极点阵结构图

二、点阵的电气特性及连线方法

8×8 共阳极 LED 点阵显示模块,单点的工作电压为正向(V_f=1.8V),正向电流(I_f)为 8~10mA。静态点亮器件时(64 点全亮)总电流为 640 mA,总电压为 1.8V,总功率为 1.15 W。动态时取决于扫描频率(1/8s 或 1/16s),单点瞬间电流可达 80~160mA(16×16 点阵静态时可达 16×16×10 mA,动态时单点瞬间电流可达 80~160 mA)。

连接方式如图 8-2 所示,当某一行线为高、某一列线为低时,其行列交叉的点被点亮;某一列线为高时,其行列交叉的点为暗;当某一行线为低时,无论列线为高还是为低,对应的这一行的点全部为暗。

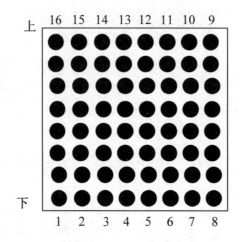

图 8-2　8×8 LED 连线图

1	控制第五行显示	接高	9	控制第一行显示	接高
2	控制第七行显示	接高	10	控制第四列显示	接低
3	控制第二列显示	接低	11	控制第六列显示	接低
4	控制第三列显示	接低	12	控制第四行显示	接高
5	控制第八行显示	接高	13	控制第一列显示	接低
6	控制第五列显示	接低	14	控制第二行显示	接高
7	控制第六行显示	接高	15	控制第七列显示	接低
8	控制第三行显示	接高			

【任务实践】

1) 工作任务描述

点阵屏上实现循环显示数字 0~9。

2) 工作任务分析

将要显示的数字码提取出来，通过 595 发送，595 的驱动程序前面已经用到，这里不再详述。

3) 工作步骤

(1) 设计点阵显示的硬件原理图。

(2) 打开集成开发环境，建立一个新的工程。

(3) 编写程序，编译程序并生成目标文件。

(4) 下载调试。

4) 工作任务设计方案及实施

电路如图 8-3 所示。

项目八 点阵显示系统设计

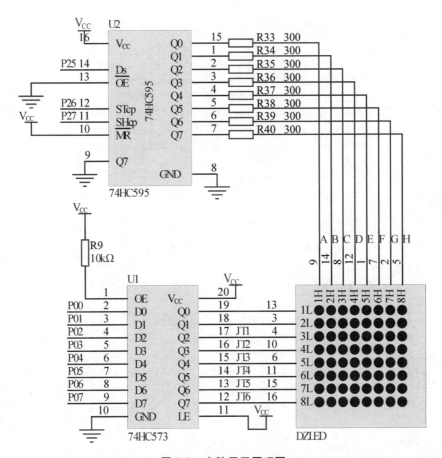

图8-3 点阵显示原理图

程序示例：

```
/*****************************************************************
//程序名称：8×8点阵显示0～9
//程序功能：让8×8点阵显示led_88seg[8]中的内容
//程序说明：使用时改变display_7leds[8]中的内容，调用wr595()函数即可
          其中本程序使用到了AT89S52的定时器2
*****************************************************************/
#include <reg52.h>
#include <intrins.h>
#define uchar unsigned char
//##############管脚定义######################
sbit sclk=P2^7;      //595移位时钟信号输入端(11)
sbit st=P2^6;        //595锁存信号输入端(12)
sbit da=P2^5;        //595数据信号输入端(14)
//要显示的数据代码
uchar code led_88seg[80]={
0x00,0x00,0x3e,0x41,0x41,0x41,0x3e,0x00,
0x00,0x00,0x01,0x21,0x7f,0x01,0x01,0x00,  //1
```

```
                0x00,0x00,0x27,0x45,0x45,0x45,0x39,0x00,   //2
0x00,0x00,0x22,0x49,0x49,0x49,0x36,0x00,   //3
                0x00,0x00,0x0c,0x14,0x24,0x7f,0x04,0x00,   //4
                0x00,0x00,0x72,0x51,0x51,0x51,0x4e,0x00,   //5
                0x00,0x00,0x3e,0x49,0x49,0x49,0x26,0x00,   //6
                0x00,0x00,0x40,0x40,0x40,0x4f,0x70,0x00,   //7
                0x00,0x00,0x36,0x49,0x49,0x49,0x36,0x00,   //8
                0x00,0x00,0x32,0x49,0x49,0x49,0x3e,0x00};  //9
uchar i=0;
uchar t=0;                      //点阵显示函数时间
//延时函数
void delay(uchar i)
{
 uchar j;
 for(;i>0;i--)
    for(j=0;j<125;j++) { ; }
}
//############################################################
//名称：wr595()向595发送一个字节的数据
//功能：向595发送一个字节的数据(先发低位)
//############################################################
void wr595(uchar wrdat)
{
    uchar i;
    sclk=0;
    st=0;
    for(i=8;i>0;i--)            //循环8次，写一个字节
    {
    da=wrdat&0x01;              //发送BIT0 位
    wrdat>>=1;                  //要发送的数据右移，准备发送下一位
    sclk=0;                     //移位时钟上升沿
    _nop_();
    _nop_();
    sclk=1;
    _nop_();
    _nop_();
    sclk=0;
    }
    st=0;                       //上升沿将数据送到输出锁存器
    _nop_();
    _nop_();
    st=1;
    _nop_();
    _nop_();
    st=0;
}
```

```
//主函数
void main(void)
{
 uchar j;
 uchar wx;                     //位选信号控制
 RCAP2H=0x3c;                  //定时器 2 赋初值
 RCAP2L=0xb0;
 EA=1;                         //开总中断
 ET2=1;                        //开定时器 2 中断
 TR2=1;                        //启动定时器 2
 while(1)
 {
  wx=0x01;
   for(j=i;j<i+8;j++)
   {
    wr595(led_88seg[j]);
    P0=~wx;
    delay(2);
    wx<<=1;
   }
 }
}
//定时器中断 2 服务子函数
void timer2() interrupt 5
{
  TF2=0;
  t++;
  if(t==20)
  {
   t=0;
   i+=8;                       //显示下一列的段码值
   if(i==80)    i=0;
  }
}
```

任务二　矩阵按键的应用

【知识储备】

一、4×4 矩阵按键的扫描原理

如图 8-4 所示，用单片机的 P1 口组成矩阵式键盘电路。图 8-4 中行线 P14～P17 为输出状态，列线 P10～P13 通过 4 个上拉电阻接+5V，处于输入状态。按键设置在行、列交点上，行、列线分别连接到按键开关的两端。

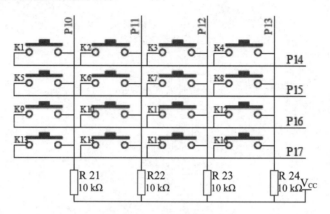

图 8-4 矩阵式键盘电路

CPU 通过读取行线的状态，即可知道有无按键按下。当键盘上没有键闭合时，行、列线之间是断开的，所有的行线输入全部为高电平。当键盘上某个键被按下闭合时，则对应的行线和列线短路，行线输入即为列线输出。此时若初始化所有的列线输出为低电平，则通过检查行线输入值是否全为 1 即可判断有无按键按下，方法如下。

(1) 判断有无按键被按下。键被按下时，与此键相连的行线与列线将导通，而列线电平在无按键按下时处于高电平。显然，如果让所有的行线处于高电平，那么键按下与否都不会引起列线电平的状态变化，所以只有让所有行线处于低电平，当有键按下时按键所在列电平将被拉成低电平，根据此列电平的变化，便能判定一定有按键被按下。

(2) 判断按键是否真的被按下。当判断出有按键被按下之后，用软件延时的方法延时 5～10 ms，再判断键盘的状态，如果仍认为有按键被按下，则认为确实有键按下，否则，当作键抖动来处理。

(3) 判断哪一个按键被按下。当判断出哪一列中有键被按下时，可根据 P1 口的数值来确定哪一个键被按下。

(4) 等待按键释放。键释放之后，可以根据键码转相应的键处理子程序，进行数据的输入或命令的处理。

二、键值识别的不同方法——"翻转法"

程序示例：

```
uchar keyscan()//键盘处理函数
{
uchar a,b,c;//定义 3 个 ms
KEY = 0x0f;//键盘口置 00001111
if (KEY != 0x0f)//查寻键盘口的值是否变化
```

```c
{
Delay (20);//延时20ms
if (KEY != 0x0f)//有键按下处理
{
a = KEY;//键值放入寄存器a
}
KEY = 0xf0;//将键盘口置为11110000
c = KEY;//将第二次取得值放入寄存器c
a |= c;//将两个数据熔合
switch(a)//对比数据值
{
case 0xee: b = 0x00; break;//对比得到的键值给b一个应用数据
case 0xed: b = 0x01; break;
case 0xeb: b = 0x02; break;
case 0xe7: b = 0x03; break;
case 0xde: b = 0x04; break;
case 0xdd: b = 0x05; break;
case 0xdb: b = 0x06; break;
case 0xd7: b = 0x07; break;
case 0xbe: b = 0x08; break;
case 0xbd: b = 0x09; break;
case 0xbb: b = 0x0a; break;
case 0xb7: b = 0x0b; break;
case 0x7e: b = 0x0c; break;
case 0x7d: b = 0x0d; break;
case 0x7b: b = 0x0e; break;
case 0x77: b = 0x0f; break;
default: break;//键值错误处理
}
}
return (b);//将b作为返回值
}
```

翻转法与行列扫描法，本质上没有什么不同，不同之处在于，翻转法需要对行线和列线翻转前后的状态，各取一次值，进行合并处理，然后根据计算值，人为地给按键分配一个键值，程序看似要简单些。

【任务实践】

1) 工作任务描述

编写程序把4×4矩阵键盘的键值利用数码管显示出来。

2) 工作任务分析

在项目2中曾经介绍了独立按键的使用，独立式按键电路配置灵活，硬件结构简单，但每个按键必须占有一根I/O口线，在按键数量较多时，会对I/O口资源造成较大浪费。因此对于使用按键较多的场合通常会使用行列矩阵式按键，本任务以 4×4 矩阵按键为例介绍矩阵按键的使用方法，通过键盘扫描获取键盘的键值，然后通过 595 发送到数码管上显示出来。

3) 工作步骤

(1) 设计 4×4 矩阵按键的硬件原理图。

(2) 打开集成开发环境，建立一个新的工程。

(3) 编写程序，编译程序并生成目标文件。

(4) 下载调试。

4) 工作任务设计方案及实施

按键硬件电路如图 8-4 所示，数码管显示电路参照图 2-4。

程序示例：

```c
#include <reg51.h>              //包含头文件
#include <intrins.h>
#define uchar unsigned char
//74HC595 与单片机连接口
sbit sclk=P2^7;        //595 移位时钟信号输入端(11)
sbit st=P2^6;          //595 锁存信号输入端(12)
sbit da=P2^5;          //595 数据信号输入端(14)
//###########################################
//共阴极数码管显示代码
uchar code led_7seg[17]={
                    0x3f,0x06,0x5b,0x4f,        //0 1 2 3
                    0x66,0x6d,0x7d,0x07,        //4 5 6 7
                    0x7f,0x6f,0x77,0x7c,        //8 9 A b
                    0x39,0x5e,0x79,0x71,0x76};  //C,d,E,F,H
//子函数声明
uchar keyscan();               //键盘扫面子函数
void delay_jp(uchar i);        //延时子函数
void display_jp(uchar key);    //显示子函数

uchar hang;                    //定义行号
uchar lie;                     //定义列号

//延时子函数
void delay_jp(uchar i)
{
 uchar j;
 for(;i>0;i--)
    for(j=0;j<125;j++)
        { ; }
}
```

```c
    //键盘扫描子函数
uchar scankey()
{
 P1=0xf0;                           //列输出全0
 if((P1&0xf0)!=0xf0)                //扫描行,如果不全为0,则进入
 {
  switch(P1)                        //获得行号
  {
   case 0x70:  hang=1;  break;
   case 0xb0:  hang=2;  break;
   case 0xd0:  hang=3;  break;
   case 0xe0:  hang=4;  break;
   default: break;
  }
  delay_jp(5);                      //延时去抖动
  P1=0x0f;                          //行输出全为0
  if((P1&0x0f)!=0x0f)               //扫描列,如果不全为0,则进入
  {
   switch(P1)                       //获得列号
   {
    case 0x07:  lie=1;  break;
    case 0x0b:  lie=2;  break;
    case 0x0d:  lie=3;  break;
    case 0x0e:  lie=4;  break;
    default: break;
   }
  }
  return ((hang-1)*4+lie);          //返回键值
 }
 else return (0);                   //无按键按下返回0
}
//##########################################################
//名称:wr595()向595发送一个字节的数据
//功能:向595发送一个字节的数据(先发低位)
//##########################################################
void write595(uchar wrdat)
{
 uchar i;
 sclk=0;
 st=0;
 for(i=8;i>0;i--)                   //循环8次,写一个字节
 {
  da=wrdat&0x80;                    //发送BIT0 位
  wrdat<<=1;                        //要发送的数据右移,准备发送下一位
  sclk=0;                           //移位时钟上升沿
  _nop_();
```

```
    _nop_();
    sclk=1;
    _nop_();
    _nop_();
    sclk=0;
 }
   st=0;                          //上升沿将数据送到输出锁存器
   _nop_();
   _nop_();
   st=1;
   _nop_();
   _nop_();
   st=0;
}
//显示子函数
void display_jp(uchar key)
{
   uchar reg;
   reg=led_7seg[key];             //显示键值
   write595(reg);
   P0=0;
   delay_jp(2);                   //调用延时子函数,决定亮度
   P0=1;
}
//主函数
void main()
{
 uchar key=0;
 while(1)
 {
  P1=0xf0;
  if((P1&0xf0)!=0xf0)             //若有键按下
  {
    key=scankey();                //调用扫描子函数
  }
  display_jp(key);
 }
}
```

任务三　点阵显示矩阵按键键值

【任务实践】

1) 工作任务描述

基本功能要求如下。

(1) 点阵顺序显示 0 到 9。

(2) 可通过按键分别控制数字上下左右移动。

(3) 可显示所按下键的键值。

2) 工作任务分析

本任务是对点阵的基本显示和矩阵按键的综合应用，读者可结合前两个任务独立完成设计。

3) 工作步骤

(1) 设计硬件原理图。

(2) 打开集成开发环境，建立一个新的工程。

(3) 编写程序，编译生成目标文件。

(4) 下载调试。

4) 工作任务设计方案及实施

程序示例：

```
/************************************************************
名称：点阵显示系统
功能：系统上电时，默认为点阵顺序显示 0 到 9，若按下矩阵键盘 0 到 9 中的一个按键，点阵静态
显示相应的数值，若按下 12 键，则字符左移一位；若按下 13 键，则字符右移一位；若按下 14 键，
则字符上移一位；若按下 15 键，则字符下移一位。
*************************************************************/
#include <reg52.h>
#include <intrins.h>
#define uchar unsigned char
sbit yiwei=P2^7;        //595 移位时钟信号输入端(11)
sbit suocun=P2^6;       //595 锁存信号输入端(12)
sbit datainput=P2^5;    //595 数据信号输入端(14)
//延时函数
void delayms(uchar i)//延时函数
{
 uchar j;
 for(;i>0;i--)
    for(j=0;j<125;j++) { ; }
}
void Dianzhen_display(uchar duan;uchar wei)//点阵显示子函数
{
        uchar j;
        for(j=0;j<8;j++)         //循环 8 次，写一个字节
        {
        datainput=duan&0x01;     //发送 BIT0 位
        duan>>=1;                //要发送的数据右移，准备发送下一位
        yiwei=0;                 //移位时钟上升沿
```

```
            yiwei=1;
            yiwei=0;
         }
         P0=0xff;
         suocun=0;                    //上升沿将数据送到输出锁存器
         suocun=1;
         suocun=0;
         P0=wei;
}
//要显示的数据代码
uchar code led_88seg[80]={0x00,0x00,0x3E,0x41,0x41,0x41,0x3E,0x00,   //0
                          0x00,0x00,0x01,0x21,0x7F,0x01,0x01,0x00,   //1
                          0x00,0x00,0x27,0x45,0x45,0x45,0x39,0x00,   //2
                          0x00,0x00,0x22,0x49,0x49,0x49,0x36,0x00,   //3
                          0x00,0x00,0x0C,0x14,0x24,0x7F,0x04,0x00,   //4
                          0x00,0x00,0x72,0x51,0x51,0x51,0x4E,0x00,   //5
                          0x00,0x00,0x3E,0x49,0x49,0x49,0x26,0x00,   //6
                          0x00,0x00,0x40,0x40,0x40,0x4F,0x70,0x00,   //7
                          0x00,0x00,0x36,0x49,0x49,0x49,0x36,0x00,   //8
                          0x00,0x00,0x32,0x49,0x49,0x49,0x3E,0x00};  //9
uchar num1,left,right,up,down,datakey;// 相关全局变量
uchar i=0;
uchar t=0;    //点阵显示函数时间
//矩阵键盘扫描函数
uchar keyscan()
{
         uchar num,temp;
         P1=0xfe;                     //按键行列端口赋初值
         temp=P1;
         temp=temp&0xf0;
         while(temp!=0xf0)
            {
                delayms(5);           //按键消抖
                temp=P1;
                temp=temp&0xf0;
                while(temp!=0xf0)//松手检测
                {
                    temp=P1;
                    switch(temp)
                       {
                           case 0xee:num=16; //为避免冲突,将0的datakey改为
                                              16,此键为按键0
                              break;
                           case 0xde:num=1;   //按键1
                              break;
                           case 0xbe:num=2;   //按键2
```

```
                    break;
            case 0x7e:num=3;    //按键3
                    break;
        }
    while(temp!=0xf0) //松手检测
        {
            temp=P1;
            temp=temp&0xf0;
        }
    }
}

P1=0xfd;                    //按键行列端口赋初值
temp=P1;
temp=temp&0xf0;
while(temp!=0xf0)
    {
        delayms(5);         //按键消抖
        temp=P1;
        temp=temp&0xf0;
        while(temp!=0xf0)//松手检测
        {
            temp=P1;
            switch(temp)
                {
                    case 0xed:num=4;    //按键4
                        break;
                    case 0xdd:num=5;    //按键5
                        break;
                    case 0xbd:num=6;    //按键6
                        break;
                    case 0x7d:num=7;    //按键7
                        break;
                }
            while(temp!=0xf0)  //松手检测
                {
                    temp=P1;
                    temp=temp&0xf0;
                }
        }
    }
P1=0xfb;                    //为按键行列端口赋初值
temp=P1;
temp=temp&0xf0;
while(temp!=0xf0)
    {
```

```c
            delayms(5);            //按键消抖
            temp=P1;
            temp=temp&0xf0;
            while(temp!=0xf0)   //松手检测
            {
                temp=P1;
            switch(temp)
                {
                    case 0xeb:num=8;      //按键8
                        break;
                    case 0xdb:num=9;      //按键9
                        break;
                }
            while(temp!=0xf0)              //松手检测
                {
                    temp=P1;
                    temp=temp&0xf0;
                }
            }
        }
P1=0xf7;                              //为按键行列端口赋初值
temp=P1;
temp=temp&0xf0;
while(temp!=0xf0)
    {
        delayms(5);           //按键消抖
        temp=P1;
        temp=temp&0xf0;
        while(temp!=0xf0)   //松手检测
        {
            temp=P1;
        switch(temp)
            {
                case 0xe7:num1=12,left++;    //左移按键记录
                    break;
                case 0xd7:num1=13;right++;   //右移按键记录
                    break;
                case 0xb7:num1=14;up++;      //上移按键记录
                    break;
                case 0x77:num1=15;down++;    //下移按键记录
                    break;
            }
        while(temp!=0xf0)  //松手检测
            {
                temp=P1;
                temp=temp&0xf0;
```

```c
                    }
                }
            }
return num;
}
//主函数
void main(void)
{
 TMOD=0x01;       //定时器工作在方式1
 TH0=(65536-50000)/256;  //定时器0赋初值
 TL0=(65536-50000)%256;
 EA=1;                    //开总中断
 ET0=1;                   //开定时器0中断
 TR0=1;                   //启动定时器0
 //RCAP2H=0x3c;            //为定时器2赋初值
 //RCAP2L=0xb0;            //为定时器2赋初值
 //EA=1;
 //ET2=1;
 //TR2=1;
 while(1)
 {
   uchar j;
   datakey=keyscan();        //将键盘扫描值赋给datakey
   datakey=datakey*8;        //自乘8
   if(datakey==0)            //如果没有键按下,则循环显示0到9
   {
       uchar wei;            //定义位选
       wei=0xfe;             //位选赋值
       for(j=i;j<i+8;j++)    //利用for循环显示字符
       {
         Dianzhen_display(led_88seg[j],wei);
         wei=_crol_(wei,1);
       }
   }
   else
   {
      uchar wei=0xfe;    //定义位选并赋初值
      uchar f;           //定义数组中间变量
      TR2=0;
      if(datakey==128)   //按下键16时,令datakey为0
      datakey=0;
      wei=_cror_(wei,left);     //字符左移
      wei=_crol_(wei,right);    //字符右移
      for(j=datakey;j<datakey+8;j++)   //利用for循环语句显示字符
      {
        f=led_88seg[j];           //将数组内容赋给中间变量
```

```c
            if(num1==14)
            f=_crol_(f,up);        //字符上移
            if(num1==15)
            f=_cror_(f,down);      //字符下移
            Dianzhen_display(f,wei);
            wei=_crol_(wei,1);
        }
    }
 }
}
//定时器中断2服务子函数
void timer2() interrupt 1
{
 TH0=(65536-50000)/256;
 TL0=(65536-50000)%256;
 t++;
 if(t==15)
 {
  t=0;
  i+=8;                           //显示下一列的段码值
  if(i==80)
  i=0;
 }
}
```

项目九

基于单片机的数字马表设计

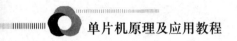

【项目导入】

数字马表是采用数字电路实现对时、分、秒数字显示的计时装置,广泛用于个人家庭、车站、码头、办公室等公共场所,成为人们日常生活不可缺少的必需品。本项目通过引导读者学习一个带存储功能的马表设计,利用定时器精确定时,实现精确马表计时的功能。从而掌握基于 IIC 总线通信协议的串行 EEPROM-24C02 硬件电路与驱动程序的设计。

【项目分析】

本项目利用定时器的精确定时,来实现马表的计时功能,并且在完成马表程序的设计过程中,更好地掌握 IIC 总线的通信协议和 EEPROM-24C02 硬件电路的搭建与驱动程序的设计。

【能力目标】

(1) 能够分解项目,完成对新知识点的学习。
(2) 能够设计出电路原理图。
(3) 能够建立软件开发环境,编写控制程序,并编译生成目标文件。
(4) 能够将程序下载到开发板上,并调试。

【知识目标】

(1) 了解 IIC 总线通信协议。
(2) 掌握 24C02 的驱动方式。
(3) 掌握定时器、中断、按键等各功能模块的应用。

任务一 精确计时的马表设计

【任务实践】

在前面的项目中,曾经完成过一个 99s 计时显示的任务。本任务也能够完成计时显示的基本功能,在功能实现时采用的是软件延时,无法保证定时准确性。但现实生活中往往需要精确定时,所以通过引入定时器来实现,设计出一种能精确定时且带显示功能的简单马表。具体实现的过程及程序如下。

(1) 设计电路图。
(2) 打开集成开发环境,建立一个新的工程。
(3) 编写程序,编译程序并生成目标文件。
(4) 下载调试。

程序示例：

```c
#include <REGX51.H>
#include <intrins.h>
#define uchar unsigned char
#define uint unsigned int
display();
void send();
sbit sda=P2^6;//P2^6 连接CD4094的DATA端
sbit clk=P2^5;//P2^5 连接CD4094的CLK端
uchar a,num,se;
uchar gewei,shiwei;
uchar code led[]={0xc0,0xF9,0xA4,0xB0,0x99,
    0x92,0x82,0xF8,0x80,0x90,0x88,0x83,0xc6,
    0xa1,0x86,0x8e,0xbf,0x89,0x8C};
Init()              //初始化程序
{
    se=0;
    num=0;
    TMOD=0x01;
    TH0=(65536-50000)/256;
    TL0=(65536-50000)%256;
    ET0=1;
    EA=1;
    TR0=1;
}
void delay(int m)//延时子程序
{
    uint t,tt;
    for(t=0;t<m;t++)
        for(tt=0;tt<100;tt++);
}
void timer0() interrupt 1   //定时器中断子程序
{
        TH0=(65536-50000)/256;
        TL0=(65536-50000)%256;
        se++;
        if(se==20)
    {
        se=0;
        num++;
        if(num==100)
        num=0;
    }
}
display()
```

```c
{
    while(1)
    {
        shiwei=num/10;
        P0=0xbf;
        a=led[shiwei];
        send();
        delay(2);
        gewei=num%10;
        P0=0x7f;
        a=led[gewei];
        send();
        delay(2);
    }
}
void send( )    //发送字节子程序
{
    uchar i;
    for(i=0;i<8;i++)
        {
            if(_crol_(a,i)&0x80)
                sda=1;
            else
                sda=0;
            clk=0;
            clk=1;

        };
}
void main()
{
    Init();
    display();
}
```

任务二　带简单可控功能的马表设计

【任务实践】

任务一实现了能精确定时且带显示功能的简单马表的设计，如何在此基础上实现马表的简单控制呢？比如启停控制、暂停等功能。本任务增加了按键控制启动、停止、暂停等功能，实现了简单可控功能的马表设计。具体过程及程序实现如下。

(1) 设计电路图。

(2) 打开集成开发环境，建立一个新的工程。

(3) 编写程序，编译生成目标文件。

(4) 下载调试。

程序示例：

```c
#include <REGX51.H>
#include <intrins.h>
#define uchar unsigned char
#define uint unsigned int
display();
void send();
sbit sda=P2^6;//P2^6 连接 CD4094 的 DATA 端
sbit clk=P2^5;//P2^5 连接 CD4094 的 CLK 端
sbit stop=P1^4;
sbit recorde=P1^5;
sbit start=P1^6;
uchar a,num,num1=0,num2=1,se;
uchar gewei,shiwei;
uchar buffer[5]={0,0,0,0,0};
uchar code  led[]={0xc0,0xF9,0xA4,0xB0,0x99,
    0x92,0x82,0xF8,0x80,0x90,0x88,0x83,0xc6,
    0xa1,0x86,0x8e,0xbf,0x89,0x8C};
Init()              //初始化程序
{

    se=0;
    num=0;
    TMOD=0x01;
    TH0=(65536-50000)/256;
    TL0=(65536-50000)%256;
    ET0=1;
    EA=1;
    TR0=1;
}
void delay(int m)//延时子程序
{
    uint   t,tt;
    for(t=0;t<m;t++)
        for(tt=0;tt<100;tt++);
}
void timer0() interrupt 1   //定时器中断子程序
{
        TH0=(65536-50000)/256;
        TL0=(65536-50000)%256;
```

```
            se++;
            if(se==20)
        {
            se=0;
            num++;
            if(num==100)
            num=0;

        }
}
display()
{
    while(1)
    {
    shiwei=num/10;
    P0=0xbf;
    a=led[shiwei];
    send();
    delay(2);
    gewei=num%10;
    P0=0x7f;
    a=led[gewei];
    send();
    delay(2);
    if(stop==0)
    {
        delay(10);
        if(stop==0)
        {
            TR0=0;

        }

    };
    if(recorde==0)
    {
        delay(10);
        if(recorde==0)
            {
                num1++;
                if(num1<=5)
                {

                    buffer[num2]=num;
                    num2++;
                }
```

```
            }
        }
        if(start==0)
        {
            delay(10);
            if(start==0)
            {
                TR0=1;
            }
        }
    }
```

任务三　串行 EEPROM-24C02 的读写操作

【知识储备】

一、24C02 的基本特性和引脚说明

1. 基本特性

(1) 与 400kHz I^2C 总线兼容；

(2) 1.8～6.0V 工作电压范围；

(3) 低功耗 CMOS 技术；

(4) 写保护功能；

(5) 当 WP 为高电平时进入写保护状态；

(6) 页写缓冲器；

(7) 自定时擦写周期；

(8) 1000000 编程/擦除周期；

(9) 可保存数据 100 年；

(10) 8 脚 DIP、SOIC 或 TSSOP 封装；

(11) 温度范围：商业级、工业级和汽车级。

2. 管脚描述

24C02 的引脚封装图如图 9-1 所示。

1) SCL：串行时钟

24C01/02/04/08/16 串行时钟输入管脚，用于产生器件所有数据发送或接收的时钟，这是一个输入管脚。

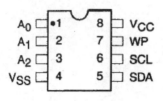

图 9-1 24C02 引脚封装图

2) SDA：串行数据/地址

24C01/02/04/08/16 双向串行数据/地址管脚用于器件所有数据的发送或接收，SDA 是一个开漏输出管脚，可与其他开漏输出或集电极开路输出进行线或(wire-OR)。

3) A_0、A_1、A_2：器件地址输入端

当这些输入脚用于多个器件级联时，设置器件地址；当这些脚悬空时，默认值为 0(24C01 除外)。

当使用 24C01 或 24C02 时，最大可级联 8 个器件，如只有一个 24C02 被总线寻址，这三个地址输入脚 A_0、A_1、A_2 可悬空或连接到 V_{ss}。如只有一个 24C01 被总线寻址，这三个地址输入脚 A_0、A_1、A_2 必须连接到 V_{ss}。

当使用 24C04 时，最多可连接 4 个器件，该器件仅使用 A_1、A_2 地址管脚，A_0 管脚未用，可以连接到 V_{ss} 或悬空。如只有一个 24C04 被总线寻址，A_1 和 A_2 地址管脚可悬空或连接到 V_{ss}。

当使用 24C08 时，最多可连接 2 个器件且仅使用地址管脚 A_2，A_0、A_1 管脚未用，可以连接到 V_{ss} 或悬空。如只有一个 24C08 被总线寻址，A_2 管脚可悬空或连接到 V_{ss}。

当使用 24C16 时，最多只可连接 1 个器件，所有地址管脚 A_0、A_1、A_2 都未用，管脚可以连接到 V_{ss} 或悬空。

4) WP：写保护

如 WP 管脚连接到 V_{cc}，所有的内容都被写保护，只能读。当 WP 管脚连接到 V_{ss} 或悬空时，允许器件进行正常的读/写操作。

二、IIC 总线协议

IIC 总线接口的电气结构如图 9-2 所示，IIC 总线的串行数据线 SDA 和串行时钟线 SCL 必须经过上拉电阻 R_p 接到正电源上。当总线空闲时，SDA 和 SCL 必须保持高电平。为了使总线上所有电路的输出能完成"线与"的功能，连接到总线上的器件的输出级必须为"开漏"或"开集"的形式，所以总线上需加上拉电阻。

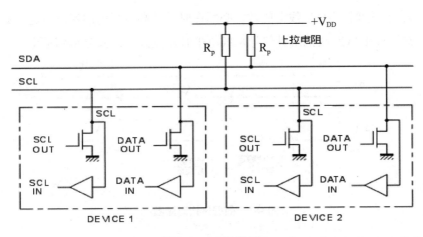

图 9-2　IIC 总线接口

1. IIC 总线协议定义

IIC(Inter-Integrated Circuit，集成电路总线)，这种总线类型是由飞利浦半导体公司在 20 世纪 80 年代初设计出来的一种简单、双向、二线制、同步串行总线，主要用来连接整体电路(ICS)，IIC 是一种多向控制总线，也就是说，多个芯片可以连接到同一总线结构下，同时每个芯片都可以作为实时数据传输的控制源。这种方式简化了信号传输总线接口。

(1) 只有在总线空闲时才允许启动数据传送。

(2) 在数据传送过程中，当时钟线为高电平时，数据线必须保持稳定状态，不允许有跳变。时钟线为高电平时，数据线的任何电平变化将被看作总线的起始或停止信号。

2. 起始和终止信号

对 IIC 器件的操作总是从一个规定的"启动(Start)"时序开始，即 SCL 为高电平时，SDA 由高电平向低电平跳变，开始传送数据；信息传输完成后总是以一个规定的"停止(Stop)"时序结束，即 SCL 为高电平时，SDA 由低电平向高电平跳变，结束传送数据。时序图如图 9-3 所示。

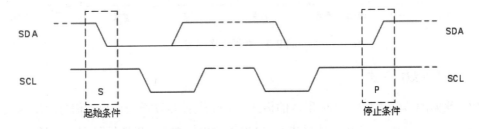

图 9-3　起始/停止时序图

起始信号和终止信号都是由主机发出的，在起始信号产生后，总线就处于被占用的状态；在终止信号产生一段时间后，总线就处于空闲状态。

在进行数据传输时，SDA 线上的数据必须在时钟的高电平周期保持稳定，数据线的高或低电平状态只有在 SCL 线的时钟信号是低电平时才能改变，如图 9-4 所示。

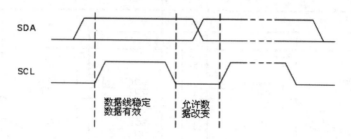

图 9-4　数据传输时序图

3．字节数据传送及应答信号

IIC 总线传送的每个字节均为 8 位，每次传输可以发送的字节数量不受限制，每个字节后必须跟一个应答信号。首先传输的是数据的最高位，如图 9-5 所示，主控器件发送时钟脉冲信号，并在时钟信号的高电平期间保持数据线(SDA)的稳定。由最高位开始一位一位地发送完一个字节后，在第 9 个时钟高脉冲时，从机输出低电平作为应答信号，表示对接收数据的认可，应答信号用 ACK 表示。如果从机要完成一些其他功能，如一个内部中断服务程序，可以使时钟线 SCL 保持低电平，迫使主机进入等待状态，当从机准备好接收下一个数据字节并释放时钟线 SCL 后，数据传输继续。

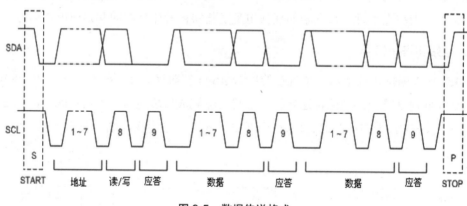

图 9-5　数据传送格式

4．完整的数据传送

IIC 数据的传输遵循图 9-6 所示的格式。先由主控器发送一个启动信号(S)，随后发送一个带读/写(R/$\overline{W}$)标记的从地址字节(SLAVE ADDRESS)，从机地址只有 7 位长，第 8 位是"读/写"(R/$\overline{W}$)，用来确定数据传送的方向。

(1) 写格式。IIC 总线数据的写数据格式，如图 9-6 所示。

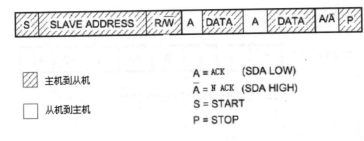

图 9-6　写数据格式

对于写数据格式,从机地址中第八位 R/$\overline{\text{W}}$ 应为 0,表示主机控制器将发送数据给从机,从机发送应答信号(A)表示接收到地址和读写信息,接着主机发送若干个字节,每个字节后从机发送一个应答位(A)。注意根据具体的芯片功能,传送的数据格式也有所不同。主机发送完数据后,最后发送一个停止信号(P),表示本次传送结束。

(2) 读格式。IIC 总线数据的读数据格式,如图 9-7 所示。

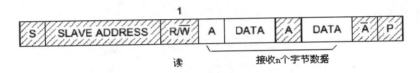

图 9-7　读数据格式

主机发送从机地址(SLAVE ADDRESS)时将 R/$\overline{\text{W}}$ 设位 1,则表示主机将读取数据,从机接收到这个信号后,将数据传送到数据线上(SDA),主机每接收到一个字节数据后,发送一个应答信号(A)。当主机接收完数据后,发送一个非应答信号($\overline{\text{A}}$),通知从机接收完成,然后发送一个停止信号(P)。

三、24C02 的寻址操作

24C02 是一个 2kb 串行 CMOS\E²PROM,内部含有 256 个 8 位字符。同系列芯片还包括 24C01/04/08/16,内部分别含有 128/512/1024/2048 个 8 位字符。该系列芯片支持 IIC 总线数据传送协议。

24C02 主器件通过发送一个起始信号启动发送过程,然后发送它所要寻址的从器件的地址。8 位从器件地址的高 4 位固定为 1010,如图 9-8 所示,接下来的 3 位 A2、A1、A0 为器件的地址位,用来定义哪个器件及器件的哪个部分被主器件访问。上述 8 个 CAT24WC01/02、4 个 CAT24WC04、2 个 CAT24WC08、1 个 CAT24WC16 可单独被系统寻址。从器件 8 位地址的最低位作为读写控制位,1 表示对从器件进行读操作,0 表示对从器件进行写操作。在主器件发送起始信号和从器件地址字节后,CAT24WC02 监视总线,并当其地址与发送的从地址相符时响应一个应答信号通过 SDA 线,24C02 再根据读写控制位

R/$\overline{W}$ 的状态进行读或写操作。

| 24WC01/02 | 1 | 0 | 1 | 0 | A2 | A1 | A0 | R/$\overline{W}$ |

图 9-8 24C02 的地址信息

【任务实践】

实现向 AT24C02 中写入一个字节的数据，然后读取回来送到 P0 口，驱动 8 位发光二极管显示出来。51 单片机本身不支持 IIC 接口，所以在编写 24C02 的驱动程序时，只能通过软件编程来模拟 24C02 的工作时序和控制信号。具体的实现步骤和程序如下。

(1) 设计 24C02 与单片机相连接的电路图，如图 9-9 所示。
(2) 打开集成开发环境，建立一个新的工程。
(3) 编写程序，编译程序并生成目标文件。
(4) 下载调试。

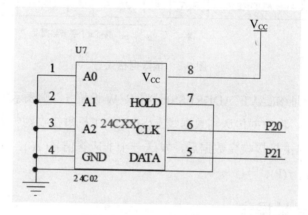

图 9-9 24C02 电路原理图

程序示例：

```c
#include <reg52.h>
#define uchar unsigned char
#define uint  unsigned int
#define Wr_Addr_24c02  0xa0
#define Rd_Addr_24c02  0xa1
sbit   SCL=P2^0;
sbit   SDA=P2^1;
//延时函数
void delayms(uint number)
{
    uchar temp;
```

```
    for(;number!=0;number--)
    {
        for(temp=112;temp!=0;temp--);
    }
}
/***********************************************************
功能:开始一个读写操作
IIC 时序:时钟线高电平期间,数据线的一个下降沿
***********************************************************/
void start()
{
    SDA=1;
    SCL=1;
    SDA=0;
    SCL=0;
}
/***********************************************************
功能:停止一个读写操作
IIC 时序:时钟线高电平期间,数据线的一个上升沿
***********************************************************/
void stop()
{
    SDA=0;
    SCL=1;
    SDA=1;
}
//ACK
bit testack()
{
    bit errorbit;
    SDA=1;
    SCL=1;
    errorbit=SDA;
    SCL=0;
    return(errorbit);
}
//NACK
void noack()
{
    SDA=1;
    SCL=1;
    SCL=0;
}
//写入 8 位数据比特
wr_8bit(uchar indat)
{
```

```c
    uchar temp;
    for(temp=8;temp!=0;temp--)
    {
        SDA=(bit)(indat&0x80);
        SCL=1;
        SCL=0;
        indat=indat<<1;
    }
}
```
/**
函数名称: void wr_byte_24c02(uchar addr,uchar indat)
函数功能: 写入一个字节到指定地址,addr:地址 indat:数据
备注:写入一个字节的IIC时序:
开始+ 从机地址+ACK(从机发)+要写入数据的地址+ACK(从机发)+要写入的数据+ACK(从机发)+停止
**/
```c
void wr_byte_24c02(uchar addr,uchar indat)
{
    start();
    wr_8bit(Wr_Addr_24c02);
    testack();
    wr_8bit(addr);
    testack();
    wr_8bit(indat);
    testack();
    stop();
    delayms(10);  //延时等待AT24C02保存数据
}
//读8个比特数据
uchar rd_8bit()
{
    uchar temp,rbyte=0;
    for(temp=8;temp!=0;temp--)
        {
        SCL=1;
            rbyte=rbyte<<1;
            rbyte=rbyte|((uchar)(SDA));
        SCL=0;
    }
    return(rbyte);
}
```
/***
函数名称: uchar rd_byte_24c02(uchar addr)
函数功能: 从指定地址读取一个字节数据,addr:地址
备注:读取一个字节的IIC时序:

开始+ 从机地址+ACK(从机发)+要写入数据的地址+ACK(从机发)+开始+从机地址+ACK(从机发)+
接收数据+NACK+停止
**/
//

```c
uchar rd_byte_24c02(uchar addr)
{
    uchar ch;
    start();
    wr_8bit(Wr_Addr_24c02);
    testack();
    wr_8bit(addr);
    testack();
    start();
    wr_8bit(Rd_Addr_24c02);
    testack();
    ch=rd_8bit();
    noack();
    stop();
    return(ch);
}

main()
{
    uchar rddat;
    wr_byte_24c02(0x02,0x77);
    rddat=rd_byte_24c02(0x02);
    P1=rddat;
    while(1);
}
```

任务四 带存储功能的马表设计

【任务实践】

任务二实现了带有简单控制功能的马表设计，如何在此基础上实现带有存储功能的马表？本任务就是要实现这一功能：用数码管实现秒表显示，计时精度为 0.1s，并且利用 AT24C02 存储芯片保存 10 次连续计时结果，计时结果也可以被读取出来并通过数码管显示。根据任务的内容，通过对 24C02 的读写、按键识别以及数码管显示等模块的应用，加深对 24C02 的理解。

具体实现的过程及程序实现如下。

(1) 设计电路图。

(2) 打开集成开发环境，建立一个新的工程。

(3) 编写程序,编译生成目标文件。

(4) 下载调试。

程序示例:

```
/*****************************************************************
名称:秒表
功能:系统上电,数码管后三位显示 00.0。当按下 key3 键,秒表开始计时,再次按下 key3 键计
时停止,3 次按下 key3 键秒表清零。按下 key1 键(当按下第 11 次时更新第一次记录时间,以此类
推)记录当前秒表时间,可记录 10 次时间。按下 key2 键可显示记录时间(当按下第 11 次时显示第
1 次记录的时间,以此类推),可连续显示 10 次记录的时间
*****************************************************************/
#include <reg52.h>
#include <intrins.h>
#define uchar unsigned char
#define uint unsigned int
#define delayNOP(); {_nop_();_nop_();_nop_();_nop_();};
sbit SDA_AT24C02 = P2^1;     //AT24C02 数据信号端
sbit SCL_AT24C02 = P2^0;     //AT24C02 时钟信号输入端
sbit P07=P0^7;
sbit P06=P0^6;
sbit P05=P0^5;
sbit P00=P0^0;
sbit P01=P0^1;
sbit key1=P1^5;//按键
sbit key2=P1^6;
sbit key3=P1^7;
//74HC595 与单片机连接口
sbit SCK_HC595=P2^7;    //595 移位时钟信号输入端(11)
sbit RCK_HC595=P2^6;    //595 锁存信号输入端(12)
sbit OUTDA_HC595=P2^5;  //595 数据信号输入端(14)
//########################################
//共阴极数码管显示代码
uchar code led_7seg[10]={0x3F,0x06,0x5B,0x4F,  //0 1 2 3
                        0x66,0x6D,0x7D,0x07,   //4 5 6 7
                        0x7F,0x6F, };          //8 9
//########################################
uint t0,num,n;
uchar key11,key22,key33,num0,num1;
//##########################################
定时器初始化
//##########################################
void inittime0()
{
  TMOD=0x01;//设置定时器 0 为工作方式 1
  TH0=(65536-10000)/256;  //设置计数初值
```

```c
    TL0=(65536-10000)%256;//设置计数初值
    EA=1;//开总中断
    ET0=1;//开定时器0中断
    TR0=0;//启动定时器0
}
//#######################################################
//延时程序
//#######################################################
void delayms(uchar n)
{
    uchar x;
    for(;n>0;n--)
    for(x=0;x<120;x++);
}
//#######################################################
//                    24C02子程序
//#######################################################
//起始子程序
void start()
 //开始位
{
   SDA_AT24C02 = 1;
   SCL_AT24C02 = 1;
   delayNOP();
   SDA_AT24C02 = 0;
   delayNOP();
   SCL_AT24C02 = 0;
}
//#######################################################
void stop()
 // 停止位
{
   SDA_AT24C02 = 0;
   delayNOP();
   SCL_AT24C02 = 1;
   delayNOP();
   SDA_AT24C02 = 1;
}
//#######################################################
uchar output_AT24C02()// 从AT24C02移出数据到MCU
{
   uchar i,read_data;
   for(i = 0; i < 8; i++)
   {
    SCL_AT24C02 = 1;
    read_data <<= 1;
```

```c
    read_data |= SDA_AT24C02;
    SCL_AT24C02 = 0;
  }
  return(read_data);
}
//############################################################
bit input_AT24C02(uchar write_data)  // 从 MCU 移出数据到 AT24C02
{
  uchar i;
  bit ack_bit;
  for(i = 0; i < 8; i++)    // 循环移入 8 个位
  {
    SDA_AT24C02 = (bit)(write_data & 0x80);
    _nop_();
    SCL_AT24C02 = 1;
    delayNOP();
    SCL_AT24C02 = 0;
    write_data <<= 1;
  }
  SDA_AT24C02 = 1;            // 读取应答
  delayNOP();
  SCL_AT24C02 = 1;
  delayNOP();
  ack_bit = SDA_AT24C02;
  SCL_AT24C02 = 0;
  return ack_bit;             // 返回 AT24C02 应答位
}
//############################################################
void write_AT24C02(uchar addr, uchar write_data) // 在指定地址 addr 处写入数据 write_data
{
  start();
  input_AT24C02(0xa0);
  input_AT24C02(addr);
  input_AT24C02(write_data);
  stop();
  delayms(10);               // 写入周期
}
//############################################################
uchar read_AT24C02()          // 在当前地址读取
{
  uchar read_data;
  start();
  input_AT24C02(0xa1);
  read_data = output_AT24C02();
  stop();
```

```c
    return read_data;
}
//########################################################
uchar read_data_AT24C02(uchar random_addr)  // 在指定地址读取
{
    uchar temp;
    start();
    input_AT24C02(0xa0);
    input_AT24C02(random_addr);
    temp=read_AT24C02();
    return(temp);
}
//########################################################
void write_HC595(uchar wrdat)    //向595发送一个字节的数据
{
    uchar i;
    SCK_HC595=0;
    OUTDA_HC595=0;
    for(i=8;i>0;i--)             //循环8次,写一个字节
    {
        OUTDA_HC595=wrdat&0x80;  //发送BIT0位
        wrdat<<=1;               //要发送的数据右移,准备发送下一位
        SCK_HC595=0;
        _nop_();
        _nop_();
        SCK_HC595=1;             //移位时钟上升沿
        _nop_();
        _nop_();
        SCK_HC595=0;
    }
    RCK_HC595=0;                 //上升沿将数据送到输出锁存器
    _nop_();
    _nop_();
    RCK_HC595=1;
    _nop_();
    _nop_();
    RCK_HC595=0;
}
//########################################################
void scankey()//按键扫描
{
    if(0==key1)
    {
        delayms(5);
        while(!key1);
        key11++;
```

```c
            n=num;
        if(key11==11)
            key11=1;
            num0=num&0xff;  //把时间分成两个uchar型数
            num1=(n>>=8)&0xff;
        switch(key11)          //AT24C02存时间高低位
        {
            case 1:
    write_AT24C02(0x00,num0);write_AT24C02(0x01,num1);break;
            case 2:
    write_AT24C02(0x02,num0);write_AT24C02(0x03,num1);break;
            case 3:
    write_AT24C02(0x04,num0);write_AT24C02(0x05,num1);break;
            case 4:
    write_AT24C02(0x06,num0);write_AT24C02(0x07,num1);break;
            case 5:
    write_AT24C02(0x08,num0);write_AT24C02(0x09,num1);break;
            case 6:
    write_AT24C02(0x0a,num0);write_AT24C02(0x0b,num1);break;
            case 7:
    write_AT24C02(0x0c,num0);write_AT24C02(0x0d,num1);break;
            case 8:
    write_AT24C02(0x0e,num0);write_AT24C02(0x0f,num1);break;
            case 9:
    write_AT24C02(0x10,num0);write_AT24C02(0x11,num1);break;
            case 10:
write_AT24C02(0x12,num0);write_AT24C02(0x13,num1);break;
        }
    }
        if(0==key2)
    {
        delayms(5);
        while(!key2);
        key22++;
        if(key22==11)
            key22=1;
            TR0=0;
        switch(key22)          //AT24C02读时间高低位
        {
            case 1:
num0=read_data_AT24C02(0x00);num1=read_data_AT24C02(0x01);          break;
            case 2:
num0=read_data_AT24C02(0x02);num1=read_data_AT24C02(0x03);          break;
            case 3:
num0=read_data_AT24C02(0x04);num1=read_data_AT24C02(0x05);          break;
```

```c
                case 4:
num0=read_data_AT24C02(0x06);num1=read_data_AT24C02(0x07);         break;
                case 5:
num0=read_data_AT24C02(0x08);num1=read_data_AT24C02(0x09);         break;
                case 6:
num0=read_data_AT24C02(0x0a);num1=read_data_AT24C02(0x0b);         break;
                case 7:
num0=read_data_AT24C02(0x0c);num1=read_data_AT24C02(0x0d);         break;
                case 8:
num0=read_data_AT24C02(0x0e);num1=read_data_AT24C02(0x0f);         break;
                case 9:
num0=read_data_AT24C02(0x10);num1=read_data_AT24C02(0x11);         break;
                case 10:
num0=read_data_AT24C02(0x12);num1=read_data_AT24C02(0x13);         break;
            }
        num=num1;      //两个uchar型数据合并成时间值
        num<<=8;
        num=num|num0;
       }
      if(0==key3)
      {
        delayms(5);
        while(!key3);
        key33++;
        switch(key33)
          {
                case 1:TR0=1;break;    //开始计时
                case 2:TR0=0;break;    //结束计时
                case 3:num=0;key33=0;break;    //时间清零
          }
      }
 }
//##########################################################
void LED_display(uint ucda)  //显示函数
{
    uchar seg;
 seg=led_7seg[ucda%10];
 write_HC595(seg);
 P07=0;                //选通个位
 delayms(1);           //延时
 P07=1;

 seg=led_7seg[ucda/10%10]+0x80;
 write_HC595(seg);
 P06=0;                //选通个位
 delayms(1);           //延时
```

```c
      P06=1;

      seg=led_7seg[ucda/100];
      write_HC595(seg);
      P05=0;                        //选通个位
      delayms(1);                   //延时
      P05=1;

      if(key22>0&&key22<11)         //显示存储时间位数
      {
         seg=0;
         if(key22==10)
         {
            seg=1;
         }
         if(key22!=10) write_HC595(led_7seg[key22]);
         else write_HC595(led_7seg[0]);
         P01=0;                     //选通个位
         delayms(1);                //延时
         P01=1;

         write_HC595(led_7seg[seg]);
         P00=0;                     //选通个位
         delayms(1);                //延时
         P00=1;
      }
}
//###########################################################
void main(void)  //主程序
{
   inittime0();
   SDA_AT24C02 = 1;
   SCL_AT24C02 = 1;
   LED_display(0);
   while(1)
   {
       scankey();                   //按键扫描
       LED_display(num);            //显示时间
   }
}
//###########################################################
void timer0() interrupt 1     //定时器中断0
{
  TH0=(65536-50000)/256;
  TL0=(65536-50000)%256;
```

```
    t0++;
    if(t0==2)
      {
       t0=0;
       num++;
       if(num==600)
           num=0;
      }
}
```

项目十

单点温度测量显示控制系统

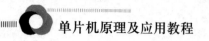

【项目导入】

采集数据信息化在当前工业领域中应用比较广泛，尤其是在石油勘探、地震数据采集等领域。采集数据系统将现场的各种参数如温度、压力、频率等信号进行采集后送往计算机进行分析和处理，达到检测和控制的目的。本项目介绍一个单点温度测量显示控制系统。

【项目分析】

本项目通过基于 1-wire 总线协议的数字温度传感器 DS18B20 将测得的温度信号送到 AT89S51 单片机上，经过单片机的处理，将温度信息在 1602 液晶显示模块显示。通过任务的实现使读者能够掌握液晶显示模块的驱动方式。

【能力目标】

(1) 能够分解项目，完成对 DS18B20 和 1602 液晶模块新知识点的学习。
(2) 能够设计出电路原理图。
(3) 能够建立软件开发环境，编写控制程序，编译程序并生成目标文件。
(4) 能够将程序下载到开发板上，并调试。

【知识目标】

(1) 了解 DS18B20 的引脚及内部结构。
(2) 了解单总线的操作命令。
(3) 掌握单总线的通信协议，能够根据操作时序编写正确程序。
(4) 掌握 1602 液晶模块硬件接线方式。
(5) 能够正确编写 1602 液晶模块驱动程序。

任务一　简易温度测量系统设计

【知识储备】

一、DS18B20 的引脚及内部结构

1. DS18B20 的封装

DS18B20 采用 To-92 和 8-Pin SOIC 封装，外形及管脚排列如图 10-1 所示。DS18B20 引脚定义如下。

(1) GND 为电源地。
(2) DQ 为数字信号输入/输出端。
(3) V_{DD} 为外接供电电源输入端(在寄生电源接线方式时接地)。

(4) NC 空引脚。

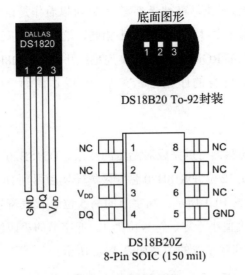

图 10-1 DS18B20 封装图

2. DS18B20 的构成

DS18B20 内部结构如图 10-2 所示。主要包括寄生电源、温度传感器、64 位激光 (lasered)ROM、存放中间数据的高速暂存器 RAM、非易失性温度报警触发器 TH 和 TL、配置寄存器等部分。

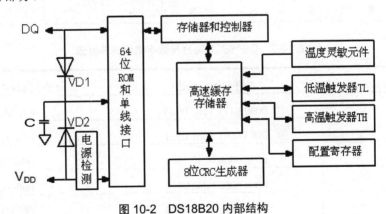

图 10-2 DS18B20 内部结构

1) 寄生电源

寄生电源由二极管 VD1、VD2，寄生电容 C 和电源检测电路组成，电源检测电路用于判定供电方式，DS18B20 有两种供电方式：3~5.5V 的电源供电方式和寄生电源供电方式(直接从数据线获取电源)。寄生电源供电时，V_{CC} 端接地，器件从单总线上获取电源。当 I/O 总线呈低电平时，由电容 C 上的电压继续向器件供电。寄生电源有两个优点：①检测远程温度时无须本地电源；②缺少正常电源时也能读 ROM。

2) 64 位只读存储器 ROM

ROM 中的 64 位序列号是出厂前被光刻好的,它可以看作是该 DS18B20 的地址序列码。光刻 ROM 的作用是使每一个 DS18B20 各不相同,这样就可以实现一根总线上挂接多个 DS18B20 的目的。64 位光刻 ROM 序列号的排列是:开始 8 位(28H)是产品类型标号,接着的 48 位是该 DS18B20 自身的序列号,最后 8 位是前面 56 位的循环冗余校验码 (CRC=X8+X5+X4+1)。

3) 温度传感器

DS18B20 中的温度传感器可以完成对温度的测量。DS18B20 的温度测量范围是-55~+125℃,分辨率的默认值是 12 位。DS18B20 温度采集转换后得到 16 位数据,存储在 DS18B20 的两个 8 位 RAM 中,如表 10-1 所示。高字节的高 5 位 S 代表符号位,如果温度值大于或等于零,符号位为 0;温度值小于零,符号位为 1。低字节的第四位是小数部分,中间 7 位是整数部分。测得的温度和数字量的关系如表 10-2 所示。

表 10-1 DS18B20 的 16 位数据位定义

	D7	D6	D5	D4	D3	D2	D1	D0
低字节	2^3	2^2	2^1	2^{-0}	2^{-1}	2^{-2}	2^{-3}	2^{-4}
	D15	D14	D13	D12	D11	D10	D9	D8
高字节	S	S	S	S	S	2^6	2^5	2^4

表 10-2 DS18B20 温度与数字输出的典型值

温度/℃	二进制数字输出	十六进制数字输入
+125	0000 0111 1101 0000	07D0H
+25.0625	0000 0001 1001 0001	0191H
+0.5	0000 0000 0000 1000	0008H
+0	0000 0000 0000 0000	0000H
-0.5	1111 1111 1111 1000	FFF8H
-25.0625	1111 1110 0110 1111	FE6FH
-55	1111 1100 1001 0000	FC90H

4) 内部存储器

DS18B20 温度传感器的内部存储器包括一个高速暂存 RAM 和一个非易失性的可电擦除的 EEPROM,EEPROM 用于存放高温度触发器 TH、低温度触发器 TL 和配置寄存器的内容。高速暂存存储器由 9 个字节组成,其分配如图 10-3 所示。

项目十 单点温度测量显示控制系统

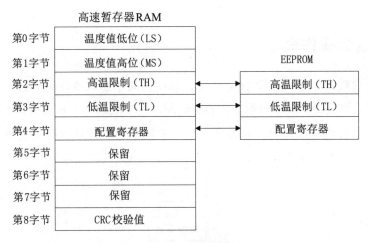

图 10-3 DS18B20 的存储器结构

(1) 第 0 个和第 1 个字节是测得的温度信息,第 0 个字节的内容是温度的低八位,第 1 个字节的内容是温度的高八位。

(2) 第 2 个和第 3 个字节是 TH 和 TL 的易失性复制,在每一次上电复位时被刷新(从 EEPROM 中复制到暂存器中)。

(3) 第 4 个字节是配置寄存器,每次上电后配置寄存器也会刷新。

(4) 第 5、6、7 个字节保留。

(5) 第 8 个字节是冗余校验字节。

5) 配置寄存器

暂存器的第五个字节是配置寄存器,可以通过相应的写命令配置其内容,如表 10-3 所示。

表 10-3 配置寄存器位定义

D7	D6	D5	D4	D3	D2	D1	D0
TM	R1	R0	1	1	1	1	1

低五位一直都是 1,TM 是测试模式位,用于设置 DS18B20 在工作模式还是在测试模式。在 DS18B20 出厂时该位被设置为 0,用户不要去改动。R1 和 R0 用来设置 DS18B20 的分辨率,如表 10-4 所示(DS18B20 出厂时被设置为 12 位)。

表 10-4 分辨率配置

R1	R0	分 辨 率	温度最大转换时间
0	0	9 位	93.75 ms
0	1	10 位	187.5 ms
1	0	11 位	375 ms
1	1	12 位	750 ms

二、单总线的操作命令

典型的单总线命令序列如图 10-4 所示,每次访问单总线器件时,必须严格遵守这个命令序列。否则,单总线器件不会响应主机。但是,这个准则对于搜索 ROM 命令和报警搜索命令例外,在执行两者中任何一条命令之后,主机不能执行其后的功能命令,必须返回,从初始化开始。

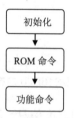

图 10-4 单总线命令序列

1. 初始化

基于单总线上的所有传输过程都是以初始化开始的,初始化过程由主机发出的复位脉冲和从机响应的应答脉冲组成。应答脉冲使主机知道总线上有从机设备,且准备就绪。复位和应答脉冲的时间详见本项目单总线数据通信协议部分。

2. ROM 命令

在主机检测到应答脉冲后,就可以发出 ROM 命令。这些命令与各个从机设备的唯一 64 位 ROM 代码相关,允许主机在单总线上连接多个从机设备时,指定操作某一从机设备。这些命令还允许主机能够检测到总线上有多少个从机设备及其设备类型,或者是否有设备处于报警状态。从机设备可能支持 5 种 ROM 命令(实际情况与具体型号有关),每种命令长度为 8 位,主机在发出功能命令之前,必须送出合适的 ROM 命令。下面将简要地介绍各个 ROM 命令的功能,以及使用在何种情况下。

1) 搜索 ROM[F0h]命令

当系统初始上电时,主机必须找出总线上所有从机设备的 ROM 代码,这样主机就能够判断出从机的数目和类型。主机通过重复执行搜索 ROM 循环(搜索 ROM 命令跟随着位数据交换),可以找出总线上所有的从机设备。如果总线只有一个从机设备,则可以采用读 ROM 命令来替代搜索 ROM 命令。如要详细了解搜索 ROM 命令,可以查阅单总线协议资料。在每次执行完搜索 ROM 循环后,主机必须返回至命令序列的第一步(初始化)。

2) 读 ROM[33h]命令(仅适合于单节点)

该命令仅适用于总线上只有一个从机设备。它允许主机直接读出从机的 64 位 ROM 代码,而无须执行搜索 ROM 过程。如果该命令用于多节点系统,则必然发生数据冲突,因为每个从机设备都会响应该命令。

3) 匹配ROM[55h]命令

匹配ROM命令跟随64位ROM代码,从而允许主机访问多节点系统中某个指定的从机设备。仅当从机完全匹配64位ROM代码时,才会响应主机随后发出的功能命令,其他设备将处于等待复位脉冲状态。

4) 跳越ROM[CCh]命令(仅适合于单节点)

主机能够采用该命令同时访问总线上的所有从机设备,而无须发出任何ROM代码信息。例如,主机通过在发出跳越ROM命令后跟随转换温度命令[44h],就可以同时命令总线上所有的DS18B20开始转换温度,这样大大节省了主机的时间。值得注意的是,如果跳越ROM命令跟随的是读暂存器[BEh]的命令(包括其他读操作命令),则该命令只能应用于单节点系统,否则将由于多个节点都响应该命令而引起数据冲突。

5) 报警搜索[ECh]命令(仅少数1-wire器件支持)

除那些设置了报警标志的从机响应外,该命令的工作方式完全等同于搜索ROM命令。该命令允许主机设备判断哪些从机设备发生了报警(如最近的测量温度过高或过低等),同搜索ROM命令一样,在完成报警搜索循环后,主机必须返回至命令序列的第一步(初始化)。

3. 功能命令

在主机发出ROM命令,以访问某个指定的DS18B20,接着就可以发出DS18B20支持的某个功能命令。这些命令允许主机写入或读出DS18B20暂存器、启动温度转换以及判断从机的供电方式。DS18B20的功能命令总结,如表10-5所示。

表10-5 DS18B20功能命令表

命 令	描 述	命令代码	发送命令后,单总线响应	备注
温度转换命令				
温度转换	启动温度转换	44H	读温度状态	1
存储器命令				
读暂存器	读暂存器的9个字节,包括CRC字节	BEH	读数据直到第9个字节至主机	
写暂存器	把字节写入暂存器TH、TL和配置寄存器	4EH	写两个字节到地址2、3和4	
复制暂存器	将暂存器TH、TL和配置寄存器的字节复制到EEPROM	48H	读复制状态	2
回读EEPROM	把EEPROM中的值读回暂存器	B8H	读温度忙状态	

注:① 在温度转换和复制暂存器数据至EEPROM期间,主机必须在单总线上允许强上拉。并且在此期间,总线上不能进行其他数据传输。

② 通过发出复位脉冲,主机能够在任何时候中断数据传输。

③ 在复位脉冲发出前,必须写入全部的三个字节。

三、单总线的通信协议及时序

所有的单总线器件要求采用严格的通信协议,以保证数据的完整性。该协议定义了几种信号类型:复位脉冲、应答脉冲序列;写 0、写 1、读 0、读 1。所有这些信号,除了应答脉冲外,都由主机发出同步信号。并且发送的所有命令和数据都是字节的低位在前,这一点与多数串行通信格式不同(多数为字节的高位在前)。

1. 始化序列——复位和应答脉冲(init_ds18b20()初始化函数)

单总线上的所有通信都是以初始化序列开始。主机通过拉低单线 480 μs 以上,产生复位脉冲,然后释放该线,进入 Rx 接收模式。主机释放总线时,4.7 kΩ 的电阻将单总线拉高,产生一个上升沿。单线器件 DS18B20 检测到该上升沿后,延时 15~60 μs,DS18B20 通过拉低总线 60~240 μs 来产生应答脉冲。主机接收到从机的应答脉冲后,说明有单线器件在线。总线初始化脉冲时序图如图 10-5 所示。

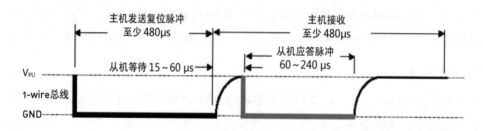

图 10-5 单总线初始化时序图

2. 写时隙(wtbyte_ds18b20(uchar wdat)写一个字节函数)

当主机将单总线 DQ 从逻辑高(空闲状态)拉为逻辑低时,即启动一个写时序。存在两种写时隙:"写 1"和"写 0"。主机采用写 1 时隙向从机写入 1,而采用写 0 时隙向从机写入 0。所有写时隙至少需要 60μs,且在两次独立的写时隙之间至少需要 1μs 的恢复时间。两种写时隙均起始于主机拉低总线,如图 10-6 所示。产生写 1 时隙的方式:主机在拉低总线后,接着必须在 15 μs 之内释放总线(向总线写 1),由 4.7kΩ 上拉电阻将总线拉至高电平;而产生写 0 时隙的方式:在主机拉低总线后,只需在整个时隙期间保持低电平即可(至少 60μs)。

在写时隙起始后 15~60μs 期间,单总线器件采样总线电平状态。如果在此期间采样为高电平,则逻辑 1 被写入该器件;如果为 0,则写入逻辑 0。

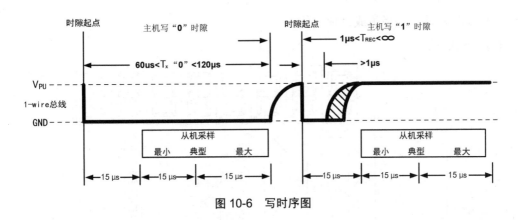

图 10-6 写时序图

3. 读时隙(rdbyte_ds18b20()主机读一个字节)

总线器件仅在主机发出读时隙时，才向主机传输数据，所以，在主机发出读数据命令后，必须马上产生读时隙，以便从机能够传输数据。所有读时隙至少需要 60 μs，且在两次独立的读时隙之间至少需要 1μs 的恢复时间。每个读时隙都由主机发起，至少拉低总线 1 μs，如图 10-7 所示。在主机发起读时隙之后，单总线器件才开始在总线上发送 0 或 1。若从机发送 1，则保持总线为高电平；若发送 0，则拉低总线。当发送 0 时，从机在该时隙结束后释放总线(向总线写 1)，由上拉电阻将总线拉回至空闲高电平状态。从机发出的数据在起始时隙之后，保持有效时间 15μs。因而，主机在读时隙期间必须先释放总线，并且在时隙起始后的 15μs 之内采样总线状态。

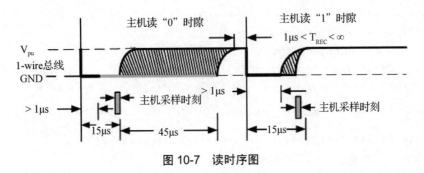

图 10-7 读时序图

【任务实践】

采用 1 个温度传感器 DS18B20 实现温度采集功能，将采集回来的温度信号通过 595 发送到数码管显示，显示数据只保留整数部分。595 的驱动程序已经在前面的任务中用到，这里重点学习 DS18B20 的驱动程序的实现。具体的实现步骤和程序如下。

(1) 设计温度显示系统的硬件原理图，如图 10-8 所示。
(2) 打开集成开发环境，建立一个新的工程。

(3) 编写程序，编译生成目标文件。
(4) 下载调试。

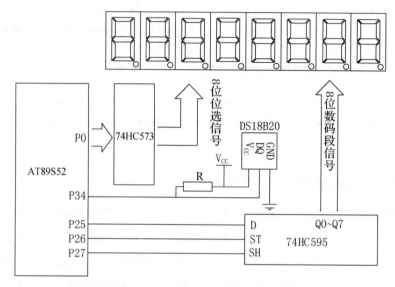

图 10-8　DS18B20 和 AT89S52 的硬件接口

程序示例：

```
#ifndef __DS18B20_H__
#define __DS18B20_H__

/*----------------------------------------*/
#define uchar unsigned char
#define uint  unsigned int
#define delay_3μs _nop_();_nop_();_nop_()
/*----------------------------------------*/
sbit DQ=P3^4;//DS18B20

//##################################################
//函数名称：init_ds18b20()初始化函数
//函数功能：主机发送初始化信号(低电平)480μs,然后检测 DS18B20 的存在信号
//          在 220μs 的时间里检测到存在信号，则返回 1，否则返回 0;
//          总时间不少于(480+480)μs
//          初始化成功返回 1
//          初始化失败返回 0
//##################################################
bit init_ds18b20(void)
{
    uchar j;
    DQ=1;                    //总线初始状态；sbit DQ=P3^4; DS18B20 的数据端口
```

```c
        DQ=0;                       //启动总线
        j=250;
        while(--j);                 //延时500μs，初始化信号
        DQ=1;                       //释放总线，之后检测存在信号
        j=40;
        while(--j);                 //延时80μs
j=110;              //检测低电平(存在信号)，如220μs时间里检测不到，则初始化失败返回0
        while(DQ!=0)                //初始化失败
        {
            j--;                    //调整检测时间
            if(!j)                  //检测时间到
                return 0;           //失败返回0
        }
        j=250;                      //延时500μs,满足初始化时序
        while(--j);
        return 1;                   //返回1
}

//##########################################################
//函数名称：wtbyte_ds18b20(uchar wdat);写一个字节
//##########################################################
void wtbyte_ds18b20(uchar wdat)
{
    uchar i,j;
    for (i=0;i<8;i++)
    {
        if(wdat&0x01)               //如果最低位为1
        {                           //则输出1
            DQ=1;
            _nop_();
            DQ=0;                   //启动总线
            delay_3μs;              //#define delay_3μs _nop_();_nop_();_nop_()
            DQ=1;                   //写1
            j=30;
            while(--j);             //等待60μs满足写时序
        }
        else                        //如果最低位为0
        {
            DQ=1;
            _nop_();
            DQ=0;                   //启动总线
            j=35;
            while(--j);             //保持70μs低电平，写0满足时序要求
            DQ=1;                   //释放总线
        }
        wdat>>=1;                   //wdat右移一位，等待接收下一位
```

```c
    }
}


//##########################################################
//函数名称：rdbit_ds18b20();读一个位
//函数功能：主机启动总线 3μs 后释放总线，9μs 后采样总线，返回采样值
//          延时 60μs，满足时序要求
//##########################################################
bit rdbit_ds18b20(void)
{
    uchar j;          //定义延时变量
    bit b;            //返回变量暂存
    DQ=1;
    _nop_();
    DQ=0;             //启动总线
    delay_3μs;
    DQ=1;             //释放总线
    delay_3μs;
    delay_3μs;
    delay_3μs;
    if(DQ)            //延时 9μs 后采样
        b=1;
    else
        b=0;
    j=30;
    while(--j);       //延时满足时序
    return b;         //返回采样值
}
//##########################################################
//函数名称：rdbyte_ds18b20()主机读一个字节
//##########################################################
uchar rdbyte_ds18b20(void)
{
    uchar i,dat;
    for(dat=0,i=0;i<8;i++)
    {
        dat>>=1;                          //右移一位
        if(rdbit_ds18b20())               //如果读取的为 1
            dat|=0x80;                    //则置位最高位
    }
    return dat;                           //返回接收数据
}

#endif
```

```c
#include <intrins.h>
#include <REGX51.H>
#include "DS18B20.H"
#include "DISPLAY.H"   //数码管显示头文件，在项目二中有实现

//################################################################
//函数名称：convter_t(uchar tldat,uchar thdat)温度数值转换函数
//函数功能：将二进制时间数据转换成十进制保存在字符数组 display_7leds[5]中
//display_7leds[0]百位 display_7leds[1]十位 display_7leds[2]个位
//display_7leds[3]小数点 display_7leds[4]十分位 display_7leds[5]百分位
//################################################################
void convter_t(uchar uct_l,uchar uct_h)
{
    uchar tm_dot,tm;            //存放小数部分
    tm_dot=(uct_l>>2)&0x03;     //四位二进制小数部分只保留高两位
    uct_h=(uct_h<<4)&0xf0;      //将高位数据左移到最高四位
    tm=uct_h|((uct_l>>4)&0x0f); //uct_l的高四位右移到低四位,同高四位合并成一个字节
    display_7leds[0]=tm/100;    //tm 除 100 取整数部分；得百位数据
    display_7leds[1]=(tm- display_7leds[0]*100)/10;
 //tm 取十位以下数据除 10 取整数部分；得十位数据
    display_7leds[2]=tm%10;     //tm 对 10 取余的个位数据
    display_7leds[3]=17;        //小数点位赋值 17。因为 uc7leds[18]第 10 位为'.'
    tm_dot=tm_dot*25;           //小数部分高两位的分辨率是 0.25
    display_7leds[4]=tm_dot/10; //十分位
    display_7leds[5]=tm_dot%10; //百分位
}

void delay1ms(uint ms)          //延时 1ms(不够精确的)
{ unsigned int i,j;
  for(i=0;i<ms;i++)
    for(j=0;j<100;j++);
}
void main(void)
{
while(1)
{
        uchar uct_l,uct_h;
        uct_l=0;                //存放温度低字节
        uct_h=0;                //存放温度高字节
        init_ds18b20();         //初始化 DS18B20
        wtbyte_ds18b20(0xcc);   //跳过 ROM 命令
        wtbyte_ds18b20(0x44);   //温度转换命令

        delay1ms(1);            //延时 1ms
        init_ds18b20();         //初始化 DS18B20
```

```
        wtbyte_ds18b20(0xcc);       //跳过 ROM 命令
        wtbyte_ds18b20(0xbe);       //读取温度命令

        uct_l=rdbyte_ds18b20();     //读低字节
        uct_h=rdbyte_ds18b20();     //读高字节
        convter_t(uct_l,uct_h);     //转换温度数值
        wr7leds();
    }
}
```

任务二 LCD1602 液晶显示模块

【知识储备】

一、LCD1602 液晶模块接口信号说明

RT-1602C 字符型液晶模块是以 2 行 16 个字的 5×7 点阵图形来显示字符的液晶显示器，它的外观形状如图 10-9 所示。

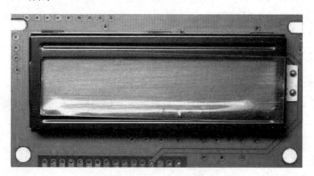

图 10-9 RT-1602C 的外观图

RT-1602C 采用标准的 16 接口，各引脚情况如下。

1 脚：Vss，电源地。

2 脚：VDD，+5V 电源。

3 脚：VL，液晶显示偏压信号。

4 脚：RS，数据/命令寄存器选择端，高电平时选择数据寄存器，低电平时选择指令寄存器。

5 脚：R/W，读/写信号选择端，高电平时进行读操作，低电平时进行写操作。当 RS 和 R/W 共同为低电平时可以写入指令或者显示地址；当 RS 为低电平，R/W 为高电平时可以读忙信号；当 RS 为高电平，R/W 为低电平时可以写入数据。

6 脚：E 端为使能端，当 E 端由高电平跳变成低电平时，液晶模块执行命令。

7~14 脚：D0~D7 为 8 位双向数据线。

15 脚：BLA，背光源正极。

16 脚：BLK，背光源负极。

二、操作时序说明

(1) 对 LCD1602 进行读操作时，其时序图如图 10-10 所示。

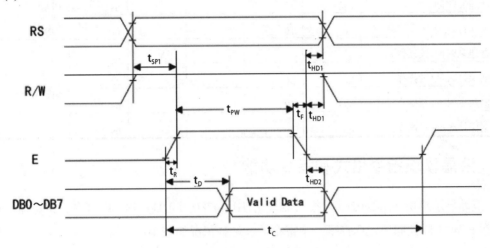

图 10-10　LCD1602 读操作时序图

(2) 对 LCD1602 进行写操作时，其时序图如图 10-11 所示。

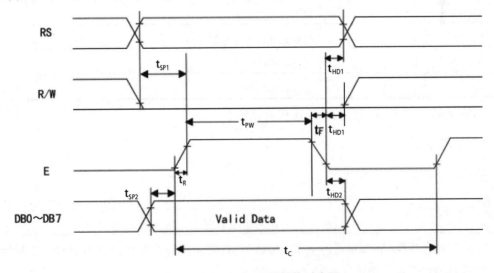

图 10-11　LCD1602 写操作时序图

(3) 时序参数，如表 10-6 所示。

表 10-6 LCD1602 时序参数

时序参数	符号	极限值			单位	测试条件
		最小值	典型值	最大值		
E 信号周期	t_C	400			ns	引脚 E
E 脉冲宽度	t_{PW}	150			ns	
E 上升沿/下降沿时间	t_R、t_F			25	ns	
地址建立时间	t_{SP1}	30			ns	引脚 E、RS、R/W
地址保持时间	t_{HD1}	10			ns	
数据建立时间(读操作)	t_D			100	ns	引脚 DB0~DB7
数据保持时间(读操作)	t_{HD2}	20			ns	
数据建立时间(写操作)	t_{SP2}	40			ns	
数据保持时间(写操作)	t_{HD2}	10			ns	

三、液晶模块指令格式和指令功能

液晶显示模块 RT-1602C 的控制器采用 HD44780，HD44780 内有多个寄存器，通过 RS 和 R/W 引脚共同决定选择哪一个寄存器，选择情况如表 10-7 所示。

表 10-7 HD44780 内部寄存器选择表

RS	R/W	寄存器及操作
0	0	指令寄存器写入
0	1	忙标志和地址计数器读出
1	0	数据寄存器写入
1	1	数据寄存器读出

下面介绍 11 条指令，它们的格式和功能如下。

1. 清屏命令

格式如下：

RS	R/W	D7	D6	D5	D4	D3	D2	D1	D0
0	0	0	0	0	0	0	0	0	1

功能：清除屏幕，将显示缓冲区 DDRAM 的内容全部写入空格(ASCII 20H)。光标回位，回到显示器的左上角。地址计数器 AC 清零。

2. 光标复位命令

格式如下：

RS	R/W	D7	D6	D5	D4	D3	D2	D1	D0
0	0	0	0	0	0	0	0	1	0

功能：光标复位，回到显示器的左上角。地址计数器 AC 清零。显示缓冲区 DDRAM 的内容不变。

3. 输入方式设置命令

格式如下：

RS	R/W	D7	D6	D5	D4	D3	D2	D1	D0
0	0	0	0	0	0	0	1	I/D	S

功能：设定写入一个字节后，光标的移动方向以及后面的内容是否移动。

当 I/D=1 时，光标从左到右移动；I/D=0 时，光标从右到左移动。

当 S=1 时，内容移动；S=0 时，内容不移动。

4. 显示开关控制命令

格式如下：

RS	R/W	D7	D6	D5	D4	D3	D2	D1	D0
0	0	0	0	0	0	1	D	C	B

功能：控制显示的开关，当 D=1 时，显示；D=0 时，不显示。

控制光标开关，当 C=1 时，光标显示；C=0 时，光标不显示。

控制字符是否闪烁，当 B=1 时，字符闪烁；当 B=0 时，字符不闪烁。

5. 光标移位置命令

格式如下：

RS	R/W	D7	D6	D5	D4	D3	D2	D1	D0
0	0	0	0	0	1	S/C	R/L	*	*

功能：移动光标或整个显示字幕移位。

当 S/C=1 时，整个显示字幕移位；当 S/C=0 时，只光标移位。

当 R/L=1 时，光标右移，当 R/L=0 时，光标左移。

6. 功能设置命令

格式如下：

RS	R/W	D7	D6	D5	D4	D3	D2	D1	D0
0	0	0	0	0	DL	N	F	*	*

功能：设置数据位数，当 DL=1 时，数据位为 8 位；当 DL=0 时，数据位为 4 位。

设置显示行数，当 N=1 时，双行显示；当 N=0 时，单行显示。

设置字形大小，当 F=1 时，为 5×10 点阵；当 F=0 时，为 5×7 点阵。

7. 设置字库 CGRAM 地址命令

格式如下：

RS	R/W	D7	D6	D5	D4	D3	D2	D1	D0
0	0	0	1	CGRAM 的地址					

功能：设置用户自定义 CGRAM 的地址，对用户自定义 CGRAM 访问时要先设定 CGRAM 的地址，地址范畴为 0～63。

8. 显示缓冲区 DDRAM 地址设置命令

格式如下：

RS	R/W	D7	D6	D5	D4	D3	D2	D1	D0
0	0	1	DDRAM 的地址						

功能：设置当前显示缓冲区 DDRAM 的地址，对 DDRAM 访问时，要先设定 DDRAM 的地址，地址范畴为 0～127。

9. 读忙标志及地址计数器 AC 命令

格式如下：

RS	R/W	D7	D6	D5	D4	D3	D2	D1	D0
0	1	BF	DDRAM 的地址						

功能：读忙标志及地址计数器 AC 命令。

当 BF=1 时，表示忙，这时不能接收命令和数据；当 BF=0 时，表示不忙。低 7 位为读出的 AC 的地址，地址范畴为 0～127。

10. 写 DDRAM 或 CGRAM 命令

格式如下：

RS	R/W	D7	D6	D5	D4	D3	D2	D1	D0
0	1	写入的数据							

功能：向 DDRAM 或 CGRAM 当前位置中写入数据。对 DDRAM 或 CGRAM 写入数据之前须设定 DDRAM 或 CGRAM 的地址。

11. 读 DDRAM 或 CGRAM 命令

格式如下：

RS	R/W	D7	D6	D5	D4	D3	D2	D1	D0
0	1	读出的数据							

功能：从 DDRAM 或 CGRAM 当前位置中读出数据。当 DDRAM 或 CGRAM 读出数据时，须先设定 DDRAM 或 CGRAM 的地址。

四、液晶显示模块初始化过程

LCD 使用之前必须对它进行初始化，初始化可通过复位完成，也可在复位后完成，初始化过程如下。

(1) 清屏。

(2) 功能设置。

(3) 开/关显示设置。

(4) 输入方式设置。

具体操作命令参照 1602 手册。

【任务实践】

实现在 LCD1602 液晶显示模块的第 1 行、第 4 列开始显示 Welcome to，第 2 行、第 6 列开始显示 sdut university。在硬件接线时，将 LCD1602 的数据线与单片机的 P0 口相连，RS 端与单片机的 P2.0 相连，R/W 端与单片机的 P2.1 相连。

具体的实现步骤和程序如下。

(1) 液晶显示系统的硬件电路图如图 10-12 所示。

(2) 打开集成开发环境，建立一个新的工程。

(3) 编写程序，编译生成目标文件。

(4) 下载调试。

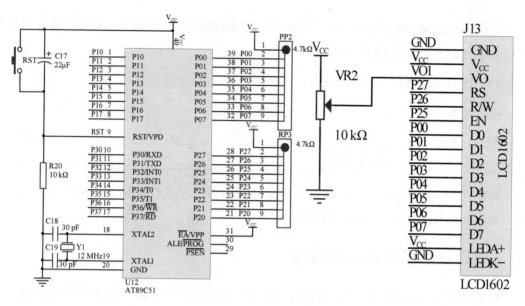

图 10-12 LCD1602 显示器与 89C51 单片机的接口图

程序示例：

```c
#include <reg52.h>
#include <intrins.h>

typedef unsigned char uchar;
typedef unsigned int uint;

sbit rs = P2^0; //寄存器选择信号，高表示数据、低表示指令
sbit rw = P2^1; //读写控制信号，高表示读、低表示写
sbit ep = P2^2;//片选使能信号。下降沿触发
uchar code dis1[]={" Welcome to  "};//每行最多显示16个字符
uchar code dis2[]={"sdut university "};
//==========================================================
// 延时子程序
//==========================================================
void delay(uchar ms)
{
 uchar i;
 while(ms--)
 {
  for(i=0;i<250;i++)
  {
   _nop_();
   _nop_();
   _nop_();
   _nop_();
```

```c
    }
  }
}
//===========================================================
// 测试 LCD 忙碌状态
//===========================================================
bit lcd_bz()
{
 bit result;
 rs = 0;//指令
 rw = 1;//读
 ep = 1;//使能
 _nop_();
 _nop_();
 _nop_();
 _nop_();
/***********************************************************
读忙标志和地址计数器 ACC 的值
P0 口如果等于 0X80，则说明不忙碌(数据总线的高位为 1)
***********************************************************/
 result = (bit)(P0 & 0x80);
 ep = 0;                    //使能端下降沿触发
 return result;
}
//===========================================================
// 写入指令数据到 LCD
//===========================================================
void lcd_wcmd(uchar cmd)
{
 while(lcd_bz());
 rs = 0;
 rw = 0;
 ep = 0;                    //下降沿
 _nop_();
 _nop_();
 P0 = cmd;                  //写指令数据,已经定义" uchar cmd"
 _nop_();
 _nop_();
 _nop_();
 _nop_();
 ep = 1;                    //使能端置高电平
 _nop_();
 _nop_();
 _nop_();
 _nop_();
 ep = 0;                    //使能端置低电平
```

```c
}
//================================================
//设定显示位置
//================================================
lcd_pos(uchar pos)
{
  lcd_wcmd(pos | 0x80);
}
//================================================
//写入字符显示数据到LCD
//================================================
void lcd_wdat(uchar dat)
{
 while(lcd_bz());
 rs = 1;
 rw = 0;
 ep = 0;
 P0 = dat;              //写数据，已经定义"uchar dat"
 delay(80);
 _nop_();_nop_();_nop_();_nop_();
 ep = 1;                //使能端置高电平
 _nop_();_nop_();_nop_();_nop_();
 ep = 0;                //使能端置低电平
}
//================================================
//LCD初始化设定
//================================================
lcd_init()
{
 lcd_wcmd(0x01);      //清除LCD的显示内容
 delay(1);
 lcd_wcmd(0x05);      //光标右滚动
 delay(1);
 lcd_wcmd(0x38);      //打开显示开关、允许移动位置、允许功能设置
 delay(1);
 lcd_wcmd(0x0f);      //打开显示开关、设置输入方式
 delay(1);
 lcd_wcmd(0x06);      //设置输入方式、光标返回
 delay(1);
}
//================================================
//主函数
//================================================
main()
{
 uchar i;
```

```
lcd_init();              // 初始化 LCD
delay(10);
lcd_pos(0);              // 设置显示位置为第一行的第 1 个字符
i=0;
while(dis1[i] != '\0')
{                        // 显示字符"Welcome to"
 lcd_wdat(dis1[i]);
 i++;
}
lcd_pos(0x40);           // 设置显示位置为第二行第 1 个字符
i = 0;
while(dis2[i] != '\0')
{
 lcd_wdat(dis2[i]);      // 显示字符"sdut university"
 i++;
}
while(1);                // 无限循环
}
```

任务三 基于 1602 液晶显示的温度测量控制系统设计

【任务实践】

实现在任务一、任务二的测量、显示的基础上增加控制和报警功能。让温度测量控制系统不仅具备温度测量功能，利用液晶显示器显示，而且可以利用按键设定温度的上下限，并有报警提示。具体的实现步骤和程序如下。

(1) 画出温度测控系统的硬件原理图。

(2) 打开集成开发环境，建立一个新的工程。

(3) 编写程序，编译生成目标文件。

(4) 下载调试。

程序示例：

```
/************************************************************
名称：单点温度测量显示控制系统
功能：上电，液晶显示当前温度和最高、最低报警温度，当当前温度超过最高温度或者低于最低温度
时，蜂鸣器工作实现报警功能。当温度恢复到最高、最低报警温度之间，报警停止。当按下 key1 键，
光标指向最高温度 此时按下 key2、key3 键可以调高或调低最高报警温度。再次按下按键 key1 时，
光标跳向最低报警温度,同理按下 key2、key3 键可以调高或者调低最低报警温度。第三次按下 key1
键可跳回显示当前温度状态
*************************************************************/
#include <reg52.h>
#include <intrins.h>
```

```c
#define unsigned char uchar;
#define unsigned int uint;

//LCD1602与单片机的接口线路
sbit rs = P2^7;        //寄存器选择信号，高表示数据、低表示指令
sbit rw = P2^6;        //读写控制信号，高表示读、低表示写
sbit en = P2^5;        //片选使能信号。下降沿触发

sbit key1=P1^5;
sbit key2=P1^6;
sbit key3=P1^7;
sbit key4=P3^3;
sbit bemp=P3^5;        //蜂鸣器
sbit DQ=P3^4;          //DS18B20

uint t,temp,HBJtemp,LBJtemp;
uchar key11,key22;
uchar a,b,c;
/**********以下为DS18B20初始化相关函数***************/
/*12M,一次6μs,加进入退出14μs(8M晶振,一次9μs)*/
void delayus(unsigned char i)
{
    while(i--);
}
//##############################################
Init_DS18B20(void)   //初始化函数
{
DQ = 1;                //DQ复位
 delayus(8);           //稍做延时
 DQ = 0;               //单片机将DQ拉低
 delayus(80);          //精确延时 大于480μs
 DQ = 1;               //拉高总线
 delayus(14);
//x=DQ;                //稍做延时后,如果x=0,则初始化成功,x=1,则初始化失败
 delayus(20);
}
//##############################################
ReadOneChar(void) //读一个字节
{
unsigned char i;
unsigned char dat;
for (i=8;i>0;i--)
{
```

```c
   DQ = 0; // 给脉冲信号
   dat>>=1;
   DQ = 1; // 给脉冲信号
   if(DQ)
    dat|=0x80;
   delayus(4);
  }
  return(dat);
 }
//#################################################
WriteOneChar(unsigned char dat) //写一个字节
{
 unsigned char i;
 for (i=8; i>0; i--)
  {
   DQ = 0;
   DQ = dat&0x01;
   delayus(5);
   DQ = 1;
   dat>>=1;
  }
delayus(4);
}
//#################################################
ReadTemperature(void)        //读取温度
{
 unsigned char a ,b;
 Init_DS18B20();
 WriteOneChar(0xCC);        // 跳过读序号列号的操作，发送指令 0xCC
 WriteOneChar(0x44);        // 启动温度转换，发送指令 0x44
 Init_DS18B20();
 WriteOneChar(0xCC);        //跳过读序号列号的操作
 WriteOneChar(0xBE);        //读取温度寄存器
 a=ReadOneChar();           //读取温度值低位
 b=ReadOneChar();           //读取温度值高位
 t=b;
 t<<=8;                     //值左移 8 位
 t=t|a;                     //合并高低位数值
 t=t*(0.625);               //温度扩大 10 倍,精确到 1 位小数
 return(t);
}
/************以下为 LCD 向相关函数*********************/
void delayms(uchar n)    // 延时程序
 {
```

```c
    uchar x;
    for(;n>0;n--)
       for(x=0;x<125;x++);
}
//##############################################
bit lcd_bz()// 测试LCD忙碌状态
{
    bit result;
 rs = 0;     //指令
 rw = 1;     //读
 ep = 1;     //使能
 _nop_();
 _nop_();
 _nop_();
 _nop_();
result = (bit)(P0 & 0x80);
 ep = 0;                       //使能端下降沿触发
 return result;
}
//##############################################
void write_com(uchar com)   //写指令
{
    rw=0;
    rs=0;
    P0=com;
    en=1;
    delayms(1);
    en=0;
}
//##############################################
void write_data(uchar dat)  //写数据
{
    rw=0;
    rs=1;
    P0=dat;
    en=1;
    delayms(1);
    en=0;
}
//##############################################
void LCD_display(uchar line,uchar row,uchar dat)//LCD显示
{
    switch(line)
    {
```

```
            case 0:line=0x80;break;
            case 1:line=0x80+0x40;break;
        }
        switch(dat)
        {
            case 0:dat=0x30;break;
            case 1:dat=0x31;break;
            case 2:dat=0x32;break;
            case 3:dat=0x33;break;
            case 4:dat=0x34;break;
            case 5:dat=0x35;break;
            case 6:dat=0x36;break;
            case 7:dat=0x37;break;
            case 8:dat=0x38;break;
            case 9:dat=0x39;break;
            default:break;
        }
        write_com(line+row);
        write_data(dat);
}
//##########################################
lcd_init()//LCD初始化设定
{
    write_com(0x01);        //清除LCD的显示内容
    write_com(0x05);        //光标右滚动
    write_com(0x38);        //打开显示开关、允许移动位置、允许功能设置
    write_com(0x0c);        //打开显示开关、设置输入方式
    write_com(0x06);        //设置输入方式、光标返回

    LCD_display(0,0,'T');
    LCD_display(0,1,'E');
    LCD_display(0,2,'M');
    LCD_display(0,3,'P');
    LCD_display(0,4,':');
    LCD_display(1,0,'H');
    LCD_display(1,1,'I');
    LCD_display(1,2,'G');
    LCD_display(1,3,'H');
    LCD_display(1,4,':');
    LCD_display(1,5,'2');
    LCD_display(1,6,'5');
    LCD_display(1,10,'L');
    LCD_display(1,11,'O');
    LCD_display(1,12,'W');
```

```c
    LCD_display(1,13,':');
    LCD_display(1,14,'1');
    LCD_display(1,15,'0');
}
//###############################################
void XYdisplaytemp(uint i)   //液晶显示DS18B20温度

{
    uint a,b,c;
    a=i%1000/100;      //十位
    b=i%100/10;  //个位
    c=i%10;          //小数位
    //========检测报警温度
    if((a*10+b)>HBJtemp||(a*10+b)<LBJtemp||((a*10+b)==HBJtemp&&c!=0))
        {
            bemp=0;
        }
    else bemp=1;

    LCD_display(0,7,a);
    LCD_display(0,8,b);
    LCD_display(0,9,'.');
    LCD_display(0,10,c);
    LCD_display(0,11,0xdf);
    LCD_display(0,12,'C');
}
//###############################################
void XYdisplayBJ()//显示调整报警温度
{
    if(1==key11)
    {   c=a;
        a=HBJtemp%100/10;//十位
        b=HBJtemp%10;     //个位
        LCD_display(1,6,b);
        if(c<a){LCD_display(1,5,a);}
    }
    if(2==key11)
    {   c=a;
        a=LBJtemp%100/10;//十位
        b=LBJtemp%10;     //个位
        LCD_display(1,15,b);
        if(c>a){LCD_display(1,14,a);}
    }
}
```

```c
//##############################################
void scankey()//按键扫描

{
    if(0==key1)
    {
        delayms(5);
        if(0==key1)
        while(!key1);
        key11++;
        if(3==key11)key11=0;
    }
    if(0==key2)          //报警温度加一
    {
        delayms(5);
        if(0==key2)
        while(!key2);
        if(1==key11)HBJtemp++;
        if(2==key11)LBJtemp++;
    }
    if(0==key3)          //报警温度减一
    {
        delayms(5);
        if(0==key3)
        while(!key3);
        if(1==key11)HBJtemp--;
        if(2==key11)LBJtemp--;
    }
}
//##############################################
scankeyresult()          //检测按键扫描结果
{
    switch(key11)
    {
        case 1 :write_com(0x0e);XYdisplayBJ();write_com(0x0c);
            break;   //显示指针,并跳到调整高温报警温度
        case 2 :write_com(0x0e);XYdisplayBJ();write_com(0x0c);
            break;   //显示指针,并跳到调整低温报警温度
        case 0 :write_com(0x0c);
            break;
    }
}
//##############################################
void main()  //主程序
```

```
{
    HBJtemp=25;
    LBJtemp=10;
    key11=0;
    lcd_init();
    while(1)
    {
     scankey();              //按键扫描
     scankeyresult();        //处理按键扫描结果
     if(0==key11)
     {
        temp=ReadTemperature();    //读取温度
        XYdisplaytemp(temp);       //液晶显示温度
     }
    }
}
```

项目十一

基于 MCU_BUS 开发板的交通灯控制系统设计

【项目导入】

交通安全关系着每个人的生命，对于最易发生交通事故和交通拥堵的十字路口，一个好的交通灯控制系统，能有效地缓解交通拥堵，实现违章控制以确保行人的人身安全。该项目利用开发板上的几个模块，设计一个交通灯控制系统。电路图参照附录 MCU-BUS V1 开发板原理图。

【项目分析】

本项目分析十字路口交通灯指示功能和时间显示功能，在默认情况下，运行正常的交通灯显示；当拨动开关拨到上面时显示交通灯，拨到下面时显示时间(数码管)。当拨动开关拨到上面时，若按下 key2，则只有四个红灯亮，再次按下 key2，则进入正常交通灯显示；当拨动开关拨到下面时，若按下 key1，则显示交通灯时间，再次按下 key1，同时拨动开关拨到上面则显示交通灯。

【能力目标】

(1) 能够在最小系统的基础上，设计出交通灯电路原理图。
(2) 能够建立软件开发环境，编写控制程序，并编译生成目标文件。
(3) 能够将程序下载到开发板上，并调试。

【知识目标】

(1) 熟练掌握独立按键的使用。
(2) 掌握 74HC595 工作原理。
(3) 掌握数码管的工作原理。
(4) 熟练掌握定时器的使用。
(5) 掌握交通灯系统电路的设计，画出电路原理图。
(6) 编写驱动程序。

【任务实践】

基于 MCU_BUS 开发板的交通灯控制系统设计具体的实现步骤如下。

(1) 设计合理的交通灯显示电路。
(2) 了解单片机端口的输入/输出控制方式，掌握相关外围芯片的硬件连接方式和软件驱动方式。

项目十一 基于 MCU_BUS 开发板的交通灯控制系统设计

(3) 打开集成开发环境，建立一个新的工程。

(4) 编写程序，编译生成目标文件。

(5) 下载调试。

具体程序实现如下：

```c
/***************************************************************
名称：交通控制系统
功能：默认情况下，运行正常的交通灯显示；当拨动开关拨到上面时，显示交通灯，拨到下面时显示
时间(数码管)。当拨动开关拨到上面时，若按下 key2，则只有四个红灯亮；再次按下 key2，则进
入正常交通灯显示。当拨动开关拨到下面时，若按下 key1，则显示交通灯时间；再次按下 key1 时，
同时拨动开关拨到上面则显示交通灯
***************************************************************/
//包含头文件
#include<reg52.h>
#define uchar unsigned char
#define uint unsigned int

//数码管选通端
sbit P07=P0^7;
sbit P06=P0^6;
sbit P01=P0^1;
sbit P00=P0^0;

//按键
sbit key1=P1^5;
sbit key2=P1^6;
sbit key3=P1^7;

//74HC595 与单片机连接口
sbit SCK_HC595=P2^7;    //595 移位时钟信号输入端(11)
sbit RCK_HC595=P2^6;    //595 锁存信号输入端(12)
sbit OUTDA_HC595=P2^5;  //595 数据信号输入端(14)

//###########################################
//共阴极数码管显示代码
uchar code led_7seg[10]={0x3F,0x06,0x5B,0x4F, 0x66,0x6D,0x7D,0x07, 0x7F,0x6F};
//0 1 2 3 4 5 6 8 9
//###########################################
char n=0,m=0,time_stop=30,time_go=25,time_wait=5,key1flag=0,key2flag=0;
//定时器初始化函数
```

```c
void init()
{
    TMOD=0x01;                    //定时器0工作方式
    TH0=(65536-50000)/256;        //定时器赋初值
    TL0=(65536-50000)%256;
    EA=1;                         //开总中断
    ET0=1;                        //开定时器0中断
    TR0=1;                        //启动定时器0
}
//延时函数1ms
void delayms(uint z)
{
    uint x,y;
    for(x=z;x>0;x--)
        for(y=120;y>0;y--);
}
//###########################################################
//名称：wr595()向595发送一个字节的数据
//功能：向595发送一个字节的数据(先发高位)
//###########################################################
void write_HC595(uchar wrdat)
{
    char i;
    SCK_HC595=0;
    OUTDA_HC595=0;
    for(i=8;i>0;i--)              //循环8次，写一个字节
    {
        OUTDA_HC595=wrdat&0x80;   //发送BIT0位
        wrdat<<=1;                //要发送的数据右移，准备发送下一位
        SCK_HC595=0;
        SCK_HC595=1;              //移位时钟上升沿
        SCK_HC595=0;
    }
    RCK_HC595=0;                  //上升沿将数据送到输出锁存器
    RCK_HC595=1;
    RCK_HC595=0;
}
//LED显示函数
void LED_display(char time0,char time1)
{
    char seg;
```

```c
        seg=led_7seg[time0/10];
        write_HC595(seg);
        P0=0xfe;                        //选通十位
        delayms(1);                     //延时
        P00=1;                          //关位选

        seg=led_7seg[time0%10];
        write_HC595(seg);
        P0=0xfd;                        //选通个位
        delayms(1);                     //延时
        P01=1;                          //关位选

        seg=led_7seg[time1/10];
        write_HC595(seg);
        P0=0xbf;                        //选通十位
        delayms(1);                     //延时
        P06=1;                          //关位选

        seg=led_7seg[time1%10];
        write_HC595(seg);
        P0=0x7f;                        //选通个位
        delayms(1);                     //延时
        P07=1;                          //关位选
}
//交通灯显示函数
void light_display()
{
    if(m<=25)
    {
        P0=0x78;                        //交通灯东西红，南北绿
    }
    if(m>25&&m<=30)
    {
        P0=0xb8;                        //交通灯东西红，南北黄
    }
    if(m>30&&m<=55)
    {
        P0=0xcc;                        //交通灯东西绿，南北红
    }
    if(m>55)
    {
```

```c
        P0=0xd4;              //交通灯东西黄,南北红
    }
}
//时间显示函数
void time_display()
{
    if(m<=25)
    {
    LED_display(time_stop,time_go);      //数码管红灯时间,绿灯时间
    }
    if(m>25&&m<=30)
    {
    LED_display(time_stop,time_wait);    //数码管红灯时间,黄灯时间
    }
    if(m>30&&m<=55)
    {
        LED_display(time_go,time_stop);//数码管绿灯时间,红灯时间
    }
    if(m>55)
    {
        LED_display(time_wait,time_stop);    //数码管黄灯时间,红灯时间
    }
}
//按键扫描函数
void keyscan()
{
    if(!key1)              //有按键按下
    {
        delayms(5);        //消除按键抖动
        while(!key1);
        delayms(5);
        key1flag++;        //时间与交通灯的转换
        if(key1flag>=2) key1flag=0;
    }
    if(!key2)              //有按键按下
    {
        delayms(5);        //消除按键抖动
        while(!key2);
        delayms(5);
        key2flag++;        //全红灯与交通灯的转换
        if(key2flag>=2) key2flag=0;
```

项目十一 基于 MCU_BUS 开发板的交通灯控制系统设计

```c
    }
}
//显示整合函数
void all_display()
{
    keyscan();                      //按键扫描函数
    if(key2flag==0)
    {
        if(key1flag==0) light_display();
        if(key1flag==1) time_display();
    }
    else P0=0xdb;
}
//主函数
void main()
{
    init();
    while(1)
    {
        all_display();
    }
}
//定时中断函数
void time0() interrupt 1
{
    TH0=(65536-50000)/256;   //赋初值
    TL0=(65536-50000)%256;
    n++;
    if(n>=20)                //n=20，时间为1s，n清零
    {
        n=0;
        m++;
        if(m>60) m=0;
        if(time_stop<=0)   time_stop=30;
        if(time_go<=0)     time_go=25;
        if(time_wait<=0)   time_wait=5;
        if(m<=25)
        {
            time_stop--;time_go--;       //红灯时间减1，绿灯时间减1
        }
        if(m>25&&m<=30)
```

```
        {
            time_stop--;time_wait--;        //红灯时间减1，黄灯时间减1
        }
        if(m>30&&m<=55)
        {
            time_stop--;time_go--;          //红灯时间减1，绿灯时间减1
        }
        if(m>55)
        {
            time_stop--;time_wait--;        //红灯时间减1，黄灯时间减1
        }
    }
}
```

附录　MCU_BUS V1 电路原理图

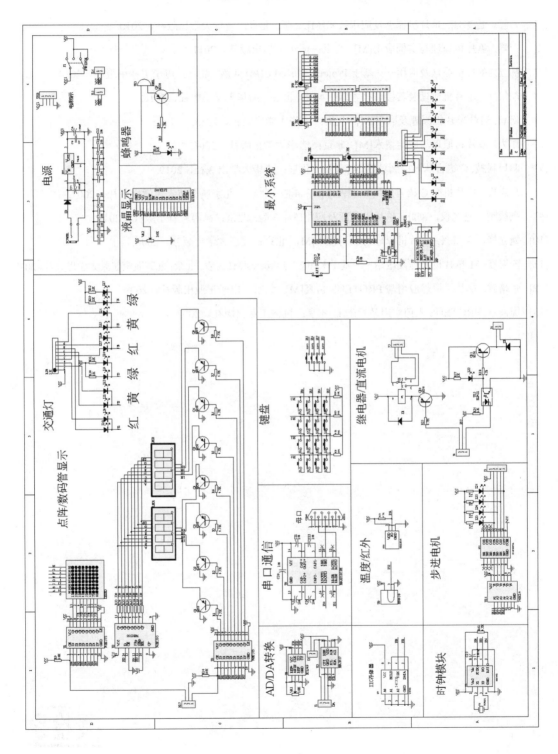

参 考 文 献

[1] 万隆，巴奉丽. 单片机原理及应用技术[M]. 2版. 北京：清华大学出版社，2010.
[2] 万隆. 单片机原理与实例应用[M]. 北京：清华大学出版社，2011.
[3] 林立. 单片机原理及应用——基于Proteus和Keil C[M]. 4版. 北京：电子工业出版社，2018.
[4] 胡汉才. 单片机原理及其接口技术[M]. 4版. 北京：清华大学出版社，2018.
[5] 何宾. STC单片机原理及应用[M]. 北京：清华大学出版社，2015.
[6] 江力. 单片机原理与应用技术[M]. 北京：清华大学出版社，2006.
[7] 明日科技. C语言从入门到精通[M]. 4版. 北京：清华大学出版社，2019.
[8] 马忠梅. 单片机的C语言应用程序设计[M]. 4版. 北京：北京航空航天大学出版社，2007.
[9] 张毅刚，赵光权，刘旺. 单片机原理及应用[M]. 3版. 北京：高等教育出版社，2016.
[10] 魏立峰，王宝兴. 单片机原理与应用技术[M]. 北京：北京大学出版社，2006.
[11] 陈海宴. 51单片机原理及应用——基于Keil C与Proteus[M]. 3版. 北京：北京航空航天大学出版社，2017.
[12] 张靖武. 单片机原理应用与PROTEUS仿真[M]. 北京：电子工业出版社，2008.
[13] 周润景. PROTEUS入门实用教程[M]. 北京：机械工业出版社，2007.